你以为你自己
就是你自己吗

跟随心理学家轻松读懂精神分析

唐 砚
TANGYAN
著

北京理工大学出版社
BEIJING INSTITUTE OF TECHNOLOGY PRESS

版权专有 侵权必究

图书在版编目（CIP）数据

你以为你自己就是你自己吗：跟随心理学家轻松读懂精神分析 / 唐砚著. —北京：北京理工大学出版社，2019.1
ISBN 978-7-5682-3137-4

Ⅰ.①你… Ⅱ.①唐… Ⅲ.①心理学—通俗读物 Ⅳ.①B84-49

中国版本图书馆CIP数据核字（2018）第242454号

出版发行 / 北京理工大学出版社有限责任公司
社　　址 / 北京市海淀区中关村南大街5号
邮　　编 / 100081
电　　话 /（010）68914775（总编室）
　　　　　（010）82562903（教材售后服务热线）
　　　　　（010）68948351（其他图书服务热线）
网　　址 / http://www.bitpress.com.cn
经　　销 / 全国各地新华书店
印　　刷 / 三河市金元印装有限公司
开　　本 / 710毫米×1000毫米　1/16
印　　张 / 17.5　　　　　　　　　　　责任编辑 / 武丽娟
字　　数 / 233千字　　　　　　　　　　文案编辑 / 武丽娟
版　　次 / 2019年1月第1版　2019年1月第1次印刷　责任校对 / 周瑞红
定　　价 / 42.00元　　　　　　　　　　责任印制 / 施胜娟

图书出现印装质量问题，请拨打售后服务热线，本社负责调换

序言

亲爱的精神分析

2017年，美国著名音乐人Alex创作了一首歌，迅速风靡全世界，登上Spotify全球榜第二名。有趣的是，这首名为《Not easy》的歌曲，创意来自于大数据。在分析完两万多首歌，以及五年的流行文化后，大数据给出的结论是：最打动人心的一句话不是"我爱你"，而是"生活不易"。

生活是不容易的。

每个人的人生中，都会有默默在心里咀嚼这句话的时刻。

一个马上要高考的孩子却陷入了失眠，他很想好好休息一下，可是他不敢。不仅如此，他还要拖着疲惫的身躯应付着课业，担心着考试，任莫名的恐惧在心中蔓延。这个时候，他会觉得，生活是不容易的。

一个年轻的女孩总是遇到故意刁难她的上司和同事，换一份工作依然如此，再换一份工作情况照样没有改变。垂着头听上司训斥的时候，她的眼泪在眼眶里打转，她忍了又忍，眼泪还是滴落下来。这个时候，她会觉得，生活是不容易的。

一个忙碌的妈妈总是很焦虑，她觉得家务和工作严重地消耗着她的精力，她与丈夫之间的交流越来越少，孩子的学习成绩也总是一团糟，一想到未来她就头疼不已。这个时候，她会觉得，生活是不容易的。

一个有房有车的中年男人也觉得生活越来越寡淡乏味。上有老、下有小，睁开眼就是数不尽的责任。下班回家他不愿上楼，而是闷闷地坐在车里抽一根烟。在烟头的明灭中，麻木地回到现实中来。这个时候，他也会在心里感慨：生活是不容易的。

生活是不容易的，但精神分析能为我们做什么？

精神分析能帮助我们明白生活为什么艰难，为什么我们的生活和情感会充满这么多困惑和痛苦，我们该如何应对这一切，如何重获心灵的掌控权，获得更充实、幸福和充满活力的人生。用创始人弗洛伊德自己的话来说，心理治疗是一种"爱的教育"，是用爱去浇灌生命的灵性，拓宽生命的体验，重塑生命的价值。很多善于精神分析的心理咨询师，常常要求自己是心理学意义上的"好爸爸"或者"好妈妈"，从这个角度来说——精神分析看起来就像咨询师用爱孕育一个更美好、健康和幸福的心灵。可以说，精神分析更多服务于普通人的人格完善。

精神分析有很多我们耳熟能详的术语，比如潜意识、自我等，它们已经深深融入我们的生命哲学中。生活中很多的困惑和痛苦，也许都和我们对潜意识的察觉不足有关，和自我的荏弱有关。为考试焦虑的孩子，也许潜意识中害怕父母的失望；总被上司"虐"的姑娘，也许潜意识中不断重复和强势家长的关系；焦虑的妈妈，也许十分缺乏安全感；而中年危机，也许和内心深处那个挣扎的自我有关。

遗憾的是，因为各种原因，比如时间、观念或者金钱的关系，不是每个遇到困难的普通人都有机会走进心理咨询室，去尽情探索自己的心灵。更多的人，会选择在一些鱼龙混杂的通俗心理学文章中，在一些理论碎片中淘一点精神营养。这些文章和碎片中既有思想者的真知灼见，也有打着心理学旗号的"毒鸡汤"，甚至有很多缺乏科学依据的"伪心理学""野鸡心理学"。而真正的大师经典，又因为过于学术、专业和晦涩而不能得到广泛的普及。

这本书所要做的，就是把精神分析的大师经典——那些精华的思想、深邃的洞见、科学的方法——用朴实通俗的语言传达给心理学的爱好者。这是一场思想的盛宴，更是一场温暖的心灵之旅。我们将看到精神分析历史上最优秀的大师们，是怎样用他们无与伦比的智慧和悲悯，含英咀华，为我们留下这座精神的宝藏。

我们的文化中既有深厚的自省传统，又有无私的助人情怀。而这座精神分析的宝藏是非常好的工具和资源，既可以帮我们洞察自己，实现自己的人格成长和完善，也可以教会我们"读心术"，让我们学会更好地理解和照顾别人。

优秀的精神分析师曾奇峰先生曾经说，他做心理服务的三个愿景是：希望天下父母从此知道怎么善待自己的孩子，希望人们知道怎么互相支持而不是互相猜忌，希望每个人知道怎么在自己的天赋之上充分发展能力实现梦想。

我觉得他说得非常好，这也是这本书将要带给您的：希望心理学和精神分析帮助您拥有展翅翱翔的生活，帮助您在人世获得幸福，帮助您善待和成就自己的孩子。

生活是不容易的，但生活也可以是美好而欣欣向荣的，这都取决于我们自己决定如何度过这一生。

目 录

01 弗洛伊德
——精神分析王国的开创者

其实我们一点都不了解自己——潜意识理论　002

经常在我们脑子里打架的小人儿——人格结构理论　011

为人一世，我们是主人还是傀儡？——本能理论　015

大师小传　019

大师语录　035

02 荣格
——弃位的王储，创建分析心理学

我们是怎么适应世界的？——集体无意识和原型理论　040

人和人，天生就不一样——人格类型理论　051

一个人最终会成为他自己——自性化、梦和积极想象　055

大师小传　060

大师语录　074

CONTENTS

03 阿德勒
——从仰慕者到反对者，创建个体心理学

每个人心里，都住着一个自卑的小孩——自卑和补偿　078

一样的生活，不一样的活法——生活风格　083

大师小传　089

大师语录　099

04 霍妮
——叛逆的弗氏门人，扯起文化派大旗

是什么让我们的心灵备受煎熬？——基本焦虑理论　102

直面"真我"，活成自己真正想要的样子——冲突和人格理论　107

两个人的旅程，一个人慢慢走——自我分析理论　112

大师小传　115

大师语录　122

05 安娜和弟子
——创立儿童精神分析，构建自我心理学

谁说心灵之花不能自由绽放？——"自我"理论 126

生命是一个个的台阶——发展阶段理论 132

大师小传 139

大师语录 146

06 克莱因
——儿童精神分析的又一领军人物，"客体关系之母"

我们的生活中镌刻着父母的影子——内部客体理论 150

真正重要的感情都是爱恨交织——嫉羡与感恩理论 155

在游戏中窥到孩子的内心世界——儿童游戏理论 159

大师小传 163

大师语录 172

CONTENTS

07 温尼科特
——在安娜和克莱因之外的"独立学派"

如何养育一个快乐又懂事的小孩？——攻击性和"客体使用"　176

孩子的游戏和他们心爱的玩具——过渡客体和过渡空间　182

足够好的妈妈才能养育出健康的孩子——成熟过程和促进性环境　186

大师小传　190

大师语录　200

08 科胡特
——创建自体心理学，为精神分析提供了时代新视角

亲爱的，外面没有别人，只有自己——自体和自体客体　206

母亲眼中的光彩——镜映　211

不含敌意的坚决，不含诱惑的深情——理想化的父母　214

我要成为一个像他那样的人——孪生需求　217

大师小传　220

大师语录　226

目录

09 拉康
——对弗洛伊德思想的结构主义解读

每个人都通过他人抵达自己——镜像理论　230

我说，故他者在——主体理论　234

我们所生存的地方扑朔迷离——三界理论　237

大师小传　241

大师语录　248

10 精神分析终于走进整合和融合的时代

科恩伯格：我们的人格水平在哪个台阶上　254

史托罗楼：重要的是心灵间相互影响构成的体验　257

依恋理论：安全和幸福来自于早年的亲密依恋　261

01 弗洛伊德
——精神分析王国的开创者

弗洛伊德是一个伟大的人，尽管他有偏激的部分，有片面的时候，但他把科学和理性之光引入人类现实的一个崭新领域——无意识的领域，并竭力尝试各种方法，寻找人类心灵自由的途径。

其实我们一点都不了解自己
——潜意识理论

伟大的发现：潜意识

像哥伦布发现了新大陆一样，弗洛伊德也率先发现和走进了人类心灵的大片荒原——潜意识。

弗洛伊德告诉我们，心灵就像海面上的冰山，意识只是露出海面的小小的山尖，绝大多数藏在水下的、我们看不见的部分，叫作潜意识。意识和潜意识相交的部分，叫作前意识。

前意识和潜意识统称为无意识。因为潜意识是无意识的主体，所以有时候，弗洛伊德的无意识特指潜意识。这就是弗洛伊德的意识层次理论，或者叫无意识理论、潜意识理论。

具体来说，意识是我们能直接感知的部分。比如一个男人到朋友家做客，看到朋友的妻子很漂亮，他可能会感觉到羡慕——你小子真有福气！可能会感觉到失落——唉，为啥我没有这么漂亮的媳妇呢！和这些感觉相伴的，还有符合现实的认知——这是我朋友的妻子。这是意识。

前意识则是我们不能感知，但经过提醒就能感知的部分。这个男人对朋友说，你媳妇特像一个明星，就是那个谁……谁来着？名字就在舌尖打转，可就是想不起来。朋友提醒，赵薇？不是。王菲？不是。高圆圆？对、对、对，就是特像高圆圆。经过提醒能感知的，叫作前意识。

而潜意识，则是深深地藏在"海面"之下，无论怎么提醒，也感知不到的部分。比如这个男人在朋友家度过了愉快的一天，告辞回家了。走到半路上，他突然想起来，自己的帽子忘在朋友家了，只好回去。再次敲门，寒暄一番，拿着帽子回家了。按照弗洛伊德的说法，也许这个男人潜意识里，对美丽的女主人留恋不已，渴望再见她一面。可是，如果这个男人听到这个解释，一定会惊怒交加，怎么可能？他不是说谎，他确实感知不到自己的潜意识，哪怕别人提醒，他也感知不到。

那么问题来了，他本人都没有感知到的想法，弗洛伊德怎么会知道呢？弗洛伊德回答说，有几个办法可以让潜意识冒出来。

催眠，不是让你睡觉

一是催眠。

一些人想象，催眠是一个神秘的东西，总是和风雨交加的天气、昏暗的光线、滴滴答答的老式怀表、心怀邪念的巫师联系在一起，一个人就此成为巫师的傀儡，制造各种扑朔迷离的血案，而自己对此一无所知。另一些人想象，催眠等同于安眠药，当我们睡不着的时候，伴随着轻音乐以及催眠师那低沉而温柔的声音，意识慢慢地从清晰到飘忽，就此进入甜美的梦乡。

这两种想象都和精神分析意义上的催眠相去甚远。对精神分析来说，催眠的本质，是用暗示来引出潜意识、影响潜意识。催眠时的状态，既不是清醒状态，也不是睡眠状态，而是介于两者之间的"第三状态"。病人被催眠后，会说出平日里遗忘了的记忆，说出意识中不曾出现过的想法。而且，当催眠结束后，病人会完全忘记自己刚刚说过的话——那些潜意识中流淌出来的东西。在催眠中，病人会受到医生的暗示，使用潜意识来支配自己的心理和身体，比如有个病人腿部的肌肉和骨头是好的，但因为心理原因表现出瘫痪症状，在催眠中他也许能立刻扔掉拐杖站起来。

其实催眠并不神秘，在日常生活中，自我催眠随处可见。一个人坐很远的车去上班，一上车就掏出手机看小说，完全沉迷在书中的世界，根本听不到报站的声音，突然毫无预兆地，他抬头看了一下路牌，发现只有一两站就到了。一个人第二天有重要的事要早起，他定了三个闹钟，但闹钟还有几分钟才响的时候，他已经醒了过来。是谁让乘客抬头？是谁让梦者清醒？答案是自我催眠：他们自己身体里的潜意识主动支配了身体。

荒诞的梦境，藏着未完成的愿望

第二种让潜意识浮现的方式是释梦。

人类存在了多少年，梦就存在了多少年。但梦到底意味着什么，始终是一个谜。古人曾经以为，梦是一种预兆。比如史书记载，曹操曾经做了一个梦，梦见三匹马在同一个槽里吃食。曹丞相除了诗写得好、仗打得好，好像还很会释梦。他自己分析这个梦，说这预示着司马懿和他的两个儿子司马师、司马昭要篡夺曹氏天下，让曹丕注意。显然曹丕没有听话，所以后来这个梦应验了，司马家的西晋政权取代了曹魏政权。老外也一样。旧约里写埃及法老有一次梦到7只瘦牛吃掉了7只健壮的牛，约瑟解释说，这预示着7个丰年之后有7个荒年。还有一种观点认为，梦只是对现实的一种反映，并无深意，所谓"日有所思，夜有所梦"。

弗洛伊德重新阐释了梦的机制。他认为，梦的本质是愿望的满足。日常生活中，我们有很多渴望，有的太强烈我们无法承受，有的太邪恶我们无法面对，有的太细微我们无法察觉，有的太痛苦我们无法体会，于是统统被压抑到潜意识。在潜意识和前意识之间，我们会放一个"海关"审查，在前意识和意识之间，我们再放一个"海关"审查。双保险下，那些可怕的、破坏性的想法被拒于意识国门之外。

然而，"海关"审查是有漏洞的，"走私"是层出不穷的。在梦里，有些潜意识乔装打扮，骗过了"海关"，来到了我们的脑海。梦境常常五花八门，甚至荒诞不经，就是因为经过了伪装，比如重要的信息模糊不清，比如大量使用象征，不然过不了审查呀！

所以梦呈现出的是显意——伪装后的，而真实的意思则是隐藏的。一个人梦到考试，在考场上抓耳挠腮答不出题目，这是显意。但事实上这个人可能已经工作很多年了，早就不考试了，他真正焦虑的也许是和别人竞争一个职位到了紧要关头，也许是在妻子和情人之间徘徊想做个决定，也许是他的孩子快出生了，也许是……这些"也许"里藏着的潜意识，才是梦的真正含义。弗洛伊德说，梦的真正含义，就是潜意识里的愿望。

释梦，就是破解梦的密码，找到潜意识愿望的过程。我们从最简单的开始，看弗洛伊德是怎么释梦的。简单的梦常常来自儿童，比如弗洛伊德记载过这样一个梦。

一个夏天，弗洛伊德带着妻子、8岁的小女儿、5岁多的儿子，还有邻居家12岁的小男孩艾米尔一起去旅行。小姑娘做了一个梦："艾米尔成了我们家的人，和我们一样叫爸爸妈妈，和我们同睡一个房间。妈妈进来，在每个人的枕头下塞了一块巧克力。"

弗公解梦：小女儿对艾米尔有好感，两人白天玩得很开心，小女儿希望和艾米尔永远做好朋友，这个愿望通过在梦里变成一家人得到了满足。

01 弗洛伊德——精神分析王国的开创者

不得不说，小朋友们的梦太好解了，这个我也能看出来。下面我们提升一点难度，来看一个少女的梦。

有个少女，她的姐姐有两个儿子，不幸的是大儿子不久前夭折了。有一天少女做了一个可怕的梦，姐姐的小儿子躺在棺材里，和姐姐的大儿子一样。

少女质疑弗洛伊德，难道我的愿望是让姐姐现在唯一的儿子夭折？

弗公咬着铅笔头：这个，这个……我们需要一点点找到你潜意识里真正的愿望是什么。

少女的故事于是一点点展开：少女从小生活在姐姐家，姐姐家有很多客人，其中有一个英俊不凡、爱好音乐的男人。少女偷偷爱上了他，每次看到他都心如鹿撞。可惜，这个男人后来和姐姐家闹翻了，再也不来了。少女苦苦思念着他，却没有办法说出口。当姐姐的大儿子不幸夭折的时候，少女伤心极了，然而在追悼会上，她意外见到了自己的心上人，相思之苦得到了一点安慰。后来少女一直在找重逢的机会，直到做梦前一天，她打听到，这个男人也许会去某个音乐会。

弗公点头，这就是你潜意识的真正愿望：你渴望再见到这个男人。如果姐姐小儿子去世的话，他可能来吊唁，就像上次一样。

这个梦就有点曲折了，梦的显意是外甥死了，隐意居然是少女的相思之情。少女潜意识里的隐秘心事，就这样通过梦呈现了出来。

梦歪曲自己的方法很复杂，弗洛伊德总结出了这样几个：凝缩——比如梦到一个姑娘，这个姑娘可能是好几个你牵念的人的集合；移置——比如有个女教师梦到她的女校长被自己的好朋友杀了，分析下来发现，这个女教师的妈妈控制欲很强，女教师表面听话，但内心的反抗通过梦境曲折地表达了出来，女儿反抗妈妈，移置成好朋友杀死校长，主谓宾全变了；象征——比如梦到蛇，也许潜意识里想说的是男性性征，事实上对弗洛伊德来说，大部分的象征和性有关，通过象征，邪恶污秽的内容变得具体并符合道德；润饰——为了让梦连贯进行的修饰。

通过这些办法，潜意识把自己打扮得面目全非了，于是大摇大摆地通过"海关"审查来到我们的脑海，让我们知道了它。

所以说，梦是到达潜意识的重要途径。梦论也是精神分析学说的重要组成部分。弗洛伊德自己说：有了梦的学说，然后精神分析才由心理治疗法进展为人性深度的心理学。梦的学说始终是精神分析最特别而为其他科学所绝对没有的东西，是从民俗及神话的领域内夺回来的新园地。

自由联想，躺椅上的漫游

三是自由联想。

自由联想是弗洛伊德开创的治疗方法，让病人躺在沙发床或者躺椅上，鼓励病人想到哪里说到哪里。就像坐在火车上看车窗外面掠过的所有风景，病人在躺椅上说出滑过自己脑际的所有想法，画风可能是这样的：

昨天我吃了一碗焦糖布丁，太甜了，甜得发腻。我小时候，姨妈常常给我买甜品，她每次来我家，都给我买甜甜圈。可是每次姐姐比我得到的甜甜圈都多，通常她还会得到蜡笔，因为她是学画画的，而我学小提琴。妈妈认为姐姐在画画上有天赋，三年级的时候……

自由联想是漫无边际的，但弗洛伊德认为，在自由联想的过程中，潜意识会不知不觉涌现出来。正如每个细胞都含有一个人的全部基因，每一滴水都能表明自己来自何方，每一个思绪里面都埋着潜意识的线索，只是我们见与不见的问题。

讲个关于自由联想和潜意识的传奇故事吧。

弗洛伊德有个年轻博学的朋友，忘记了一个外语单词aliquis，这个词本身并不重要，只是朋友很困惑，这个词我很熟啊，咋就忘了呢？他非

01 弗洛伊德——精神分析王国的开创者

常愿意用心理学的方法来探讨一下，弗洛伊德于是让他做自由联想。画风如下：

我第一个念头是，这个词分两部分：a和liquis，无和液体。

然后，接下来是圣物、溶解和液体。

我想到了"村特的西蒙"，两年前我在村特的教堂看到了他们的圣物。我想到了对血祭的指责，人们用这种仪式来反对犹太人。我想到了一个人的书，他说所有灾难都是耶稣经历的翻版。

我想到了在意大利报纸上读过的文章，题目是圣奥古斯丁谈女人。

我想到了在上周旅行中遇到了一个老绅士，他是个处男，长得像个觅食的大鸟。他叫班尼帝克。

（弗洛伊德说：这些名字中都包含圣人的前缀）

我想到了圣简纳里斯和他神奇的血。

（弗洛伊德说：圣简纳里斯和圣奥古斯丁的名字，都和月份有关，你能告诉我一下神奇的血是怎么回事吗？）

当然，你没有听说吗，他们把圣简纳里斯的血装到一个瓶子里，放在那不勒斯的教堂里，当节日来临的时候，它会神奇地变成液体。如果这种变化推迟了，人们就会很激动。法国军队入侵的时候，指挥官把虔诚的绅士叫到一边，一边向士兵做手势，表示他很想看到奇迹，事实上，奇迹确实出现了……

又有一些东西出现了……不过，这是我的隐私，和我们讨论的问题没有什么联系，没有必要说出来。

（弗洛伊德说：它们的联系由我来考虑，请你把那些让你不愉快的事讲出来，否则我很难解释你对aliquis的遗忘）

好吧，我突然想起了一个女士，从她那里我得到了让我们两个都烦恼的消息。

当！当！当！如果上面这一大段莫名其妙的圣人、绅士、战争、神奇的血让你昏昏欲睡的话，现在可以醒过来了，因为"神算子"弗洛伊德同学要放大招了。

"神算子"平静地问道："是她没来月经的事吗？"

啊！啊！啊！朋友惊呆了。你怎么知道？

"神算子"继续拈花微笑："你希望我告诉你，她的这个孩子是怎么出现的吗？"

朋友哀求道："不，请不要再说了，我承认这位女士是意大利人，我和她一起去的那不勒斯。这是巧合对不对？"

"神算子"悲悯叹道："对所有这类现象的分析，都会遇到这种令人印象深刻的巧合。"

自由联想中，潜意识会冒出来，而老练的精神分析师会敏锐地捕捉到，就像老练的骨科医生看病人走路的姿势，会大致推断出病人哪块骨头出了问题，这不是因为医生是"神算子"，而是源自敏感和经验。

所谓"失误"，也许是潜意识的操控

除了催眠、梦、自由联想，弗洛伊德认为，日常生活中的失误本身就证明了潜意识的存在。比如，在相亲中迟到，也许是因为潜意识里就很排斥这件事。和妻子吵架后忘记了结婚纪念日，也许是潜意识里的愤怒在起作用。把一个人的名字叫成了另一个人，也许潜意识里另有深意。

有一个女孩讲了这样一个故事：

她多年来都是一个非常孝顺的女儿，对父母言听计从。每年妈妈生日，她都精心准备礼物。如果恰好不在妈妈身边，也一定会给妈妈打电话。后来这个女孩逐渐意识到，自己在情感上一直被妈妈忽视和剥夺。不过，她仍然惯性地扮演一个温柔的女儿，只是无意中忘记了妈妈的生日。

01 弗洛伊德——精神分析王国的开创者

这是她潜意识里，对妈妈产生了愤怒。

  对潜意识的深入探讨，对心理学乃至整个人类文化都意义深远。弗洛伊德自己骄傲地说，人类的自恋经过三次打击：第一次是哥白尼的日心说——哗，原来我们不是宇宙的中心；第二次是达尔文的进化论——哗，原来我们不是上帝造的；第三次是自己的无意识理论——哗，原来我们连自己的心灵都掌控不了。这三次打击，让人们觉得自己好惨。
  其实不惨，知道了自己不是宇宙中心，才有了对太空的无尽探索。知道了自己不是上帝造的，才有了基因科学的蓬勃发展。同理，知道了潜意识，才能成为自己心灵的主人，而不是一次次地陷入强迫性重复。
  不管是在咨询室，还是在生活中，我们都看到无数被潜意识控制的人。比如那些一次次购买很多打折食物直到它们过期的人，也许从来没有想过，他们并不是节俭，而是潜意识里缺乏安全感，占有很多东西才能安心。比如那些一次次爱上渣男的姑娘，也许不是因为倒霉，而是因为潜意识里充满了拯救情结。比如那些动辄暴跳如雷的上司，也许潜意识里充满了恐惧。比如一些暴食暴饮的人，可能缺的不是食物而是爱。比如一些嗜酒的人，也许太压抑了，所以潜意识里渴望放纵……潜意识是如此重要，所以我们可以说，找到潜意识，让潜意识意识化，我们的心灵才会有自由的可能。
  潜意识理论是弗洛伊德留下的最珍贵的财富，是整个精神分析大厦的基础。

经常在我们脑子里打架的小人儿
——人格结构理论

为什么我们经常觉得自己人格分裂了

你是否有过这样的经历：你在温暖的被窝里沉睡，但闹铃不识相地丁零零响了起来。你的大脑里有几个声音在争吵，一个说：吵死了，烦不烦，把它按掉继续睡；一个说：快起床，快起床，迟到了会被老板骂；还有一个冷冷地说：自律的人生才有自由。在你挣扎着起床，迷迷糊糊地对着镜子刷牙的当口，这场战争才算宣告结束。

这些小人儿，弗洛伊德称之为本我、自我和超我。

弗洛伊德将近60岁的时候，在潜意识理论基础上，完善了人格结构理论，提出人的心灵由不同的成分组成：

一个是本我。它与生俱来。这个词是弗洛伊德拾的尼采牙慧，德文是id，追溯到原意，是"对我来说这是一场梦"。如同梦中世界一样，本我是潜意识的，是本能、凌乱、神奇而令人迷惑的。如同爱丽丝梦游仙境，一会儿变成巨人哭出一个眼泪湖，一会儿变成微型人差点儿被自己的眼泪淹死。本我就是这么任性，对它来说，理性和逻辑是不存在的，混乱、随心所欲才是常态。

但本我也是有原则的，那就是快乐。宝宝要快乐，现在就要，立刻就要。本我会说，我很困，我要睡觉，这是天大的事。可是上班怎么办？老板怎么办？奖金怎么办？宝宝不管，宝宝就要睡觉。如果你听本我的，只好跟老板辞职说"天气太冷，我要冬眠"。

本我通常在想什么呢？弗洛伊德说，主要是性。本我是"一口充满沸腾刺激的大锅"，充满了被压抑的欲望，其中以性本能为主。

另一个是自我。它在人6~8个月的时候开始形成。弗洛伊德把自我称为ego。自我是意识的、理性的、讲道理和逻辑的，你和它聊诗和远方的时候，它想到的常常是路费和治安。

所以自我的原则是现实。比如本我说，睡觉睡觉，早上就是要睡懒觉。自我就会劝：上班还是比较重要的，不上班就赚不到钱，会饿死的；迟到是不好的，因为老板会有意见，会影响升职加薪；为了钱，为了职位，还是起床吧。

第三个是超我。超我很酷，常常用简洁的信念来高高在上地表明态度，比如用"好孩子不迟到"或者"不自律可耻"来威慑自己。这些信念哪里来的？通常是在我们七八岁的时候，从爸爸妈妈那里学来的。超我通常是上纲上线的，是以道德为原则的，但需要注意的是，超我不一定正确。比如有些姑娘的超我认为，化妆和打扮是对别人的尊重；而另一些姑娘的超我坚持，扮靓是一件羞耻的事情。谁正确？取决于她们各自的爸爸妈妈是怎么告诉她们的。

本我觉得不过多睡几分钟，在超我那里就上升到人品问题了。一个放纵，一个严厉，可想而知这俩常常水火不容。这时候自我就变得很可怜，它虽然是人格的执行者，却像仆人一样被本我和超我轮番奴役着，还必须在它俩面前不断地斡旋。

自我、本我、超我的三国杀

有时候，自我要忙着灭掉本我的小火苗，公仪休却鱼的故事就是一个典型的例子。

鲁国的宰相公仪休很爱吃鱼，大家都抢着给他送鱼，但他不要。学生疑惑地问："老师，你不是喜欢吃鱼吗？为啥不要？"公仪休说："吃了人家的鱼就要给人办事，说不定会因此把官丢了，到时候人家不给我送了，我自己也买不起了，岂不是很惨？不要人家的鱼，我有官有薪水，可以自己买鱼，也可以长长久久地吃鱼不是？"

这个故事清晰地呈现了本我和自我交锋、最终自我打败本我的全过程。但事情并非总是这么顺利，有时候这俩拉锯，就会产生强烈的现实焦虑。比如我们前面说的"睡觉和迟到"，再比如当你为晚餐吃蔬菜沙拉还是炸鸡配啤酒而痛苦的时候。

有时候，超我和自我会相持不下。比如，你知道老板出差了，你迟到他也不会知道，但你10点钟约了客户开会，如果8点钟到公司熟悉资料，可能会更有胜算。如果9点钟去准备或者10点钟直接去会场，也无人批评自己。这个时候要不要睡个懒觉呢？自我从现实衡量，得出的答案是可以。但超我的小刀嗖嗖生风：不敬业，可耻；能做到100分，怎么可以做99分？可是没有人知道呀！可是你没有尽力呀！可是……可是……

这时候产生的是道德焦虑。这种焦虑广泛存在：大到和好朋友竞争奖学金、和闺蜜爱上同一个男人，小到上了一天班摇摇晃晃挤上公交车后要不要给老人让座，等等。

三个"我"不平衡的时候,人就出问题了

弗洛伊德的人格结构理论,对我们的意义是什么?认识了这三个"我",我们可以更好地理解它们、平衡它们、驾驭它们,让自己的心灵更自由,而不是在它们永无休止的争战中痛苦不堪、无所适从。就像朋友圈里流行的一句话:真正的高情商,就是让别人舒服,也让自己舒服。本质上说,就是对三个"我"都适当满足,不要厚此薄彼,世界就和谐了。

反之,如果三个"我"的力量不均衡,就会形成病变或者痛苦。比如:一个强迫性洗手的病人,背后可能有一个严苛的超我,自我和本我在它面前溃不成军,只好寻求扭曲的表现;一个工作狂的背后也有一个严苛的超我,它要求每一个细节尽美尽善,所以自我像一个奴隶一样莫名其妙地奔波,而本我噤若寒蝉;一个物质滥用的病人,背后可能有一个泛滥的本我,自我软弱无能,超我缺乏。同理,一个努力减肥却屡屡失败的正常人,也许是本我太强,自我和超我太弱。

为人一世，我们是主人还是傀儡？
——本能理论

本能，驱动我们生活的原动力

人的一生，有各种行为。我们吃饭、睡觉，日复一日活下去。我们学习、上班，努力出人头地。我们旅行、唱歌，欣赏艺术。我们在父母抚养下长大，又离开父母，交朋友，谈恋爱，结婚生子。我们一代又一代这样生活着。

可是，为什么呢？我们为什么要这样做？是什么让大部分人理所当然的这样做？而不是一出生就拒绝喝奶把自己饿死？而不是看到异性就呕吐……

专家们给出了各种答案，弗洛伊德给出的答案是：本能。我们做这些，是因为被人类的本能支配着、驱使着。

本能理论是弗洛伊德早年就提出的理论，在他的一生中对其不断修改和完善。为了捍卫本能理论，弗洛伊德不惜和恩师密友决裂，和最心爱的弟子决裂。他如此钟爱这个理论，但这个理论始终是受抨击最多的，不管在他生前，还是身后。

所谓本能，指的是人生理需要的精神表现。弗洛伊德的时代，力学的概念十分流行。弗洛伊德认为，人的精神也是一种力。这种力在身体里产生，并能传递到心理器官中，实现一种能量的平衡。

性，生，死——本能到底是什么能

弗洛伊德最初认为，本能有两种。

一种是性本能，又叫力比多（libido）。力比多这个词来自希腊语，原意是"万物生长的驱力"。弗洛伊德用来指个体追求性的满足，当性冲动被压抑时释放的本能。我们各种各样的行为，比如津津有味地吃东西，头悬梁锥刺股地求学，乐此不疲地炒股，兴致勃勃地购买奢侈品，热泪盈眶地听交响乐……看上去含义复杂，其实多数是为了满足性本能。当然，对弗洛伊德来说，性的含义是宽泛的，泛指任何能引起愉悦和满足的内心体验。比如，吃东西是满足口欲，奢侈品可能是一种性炫耀，就像孔雀开屏一样，而听交响乐可能是寻求一种心理快感。弗洛伊德甚至进一步推论，文明也是性欲的升华。

另一种是自我本能，是让人活下去的本能。比如吃东西，可能是为了满足嘴巴的快感，也可能是为了不致饿死，前者是性本能，后者是自我本能。

后来，弗洛伊德又提出了生本能和死本能。性本能驱动种族延续，自我本能驱动个体存活，统称为生本能。弗洛伊德原以为，这俩已经足够解释人类的所有行为，但是"一战"的爆发让弗洛伊德看到了人心理动力的另一面：人有攻击、毁灭别人或自己的冲动。他依此提出了死本能。往大了说，为什么人类要发起战争？要毁灭同类？要占地盘？要争夺权力？往小了说，为什么有的人要搞极限运动？要冒着生命危险横穿英吉利海峡？要去鬼屋？要坐过山车？从弗洛伊德的观点看，这些都是死本能在发力。生死本能常常奇妙合体，比如有一种爱情叫作虐恋情深，就是死本能和性本能交织在了一起。

性如何控制我们不同人生阶段的生活

和本能理论相关联，弗洛伊德还提出了心理性欲发展理论。他认为，人格的发展本质上就是心理性欲的发展。人生的每个不同的阶段，都有一个特定的区域，是力比多兴奋和满足的中心。

婴儿在1岁以前，力比多的兴奋和满足集中在口唇上，所以叫口唇期。婴儿的快感来自于吮吸，所以他们即使不饿，也喜欢把东西放在嘴巴里吮吸。如果婴儿在这个阶段没有得到足够的满足或者过分满足，就会"固着"在这个阶段：长大后就会沉溺于口欲满足，比如吃、喝、抽烟，或者沉溺于口腔攻击，比如毒舌、挖苦等。有趣的是，当人们问弗洛伊德，他如此钟爱雪茄，是不是因为"固着"在口欲期了？弗洛伊德幽默地回答：有时候，雪茄就是雪茄。

儿童在1~3岁，力比多的中心是肛门，排便是儿童获得快感的方式。弗洛伊德说，排便训练过分严厉，孩子长大后可能吝啬和强迫；过分宽松，长大后可能会浪费和凶暴。

儿童在3~5岁，力比多的中心是生殖器，这一段被称为性器期或俄狄浦斯期。俄狄浦斯是希腊神话里的人物，他是一位王子，但一出生父母就接到了神谕，说这个孩子长大了会杀父娶母。国王于是刺穿了新生儿的脚踝，把他交给一个猎人，要求抛弃到野外喂野兽。猎人心生怜悯，把这个新生儿交给了另一个国家的国王。俄狄浦斯长大后无意中知晓了神谕，害怕伤害"父母"，就离开了抚养自己长大的养父母。没想到阴差阳错之下来到了他出生的那个国家，并在与人争斗中失手杀了人，而这个人恰恰是他的亲生父亲。后来，他因对这个国家有功成了国王，并娶了国王的遗孀，也就是自己的亲生母亲。神谕最终还是实现了。故事的结局是俄狄浦斯刺瞎了自己的双眼，而他的母亲上吊自杀了。

弗洛伊德说，这个阶段的男孩，都有俄狄浦斯情结，即对母亲产生爱恋的心理欲求，非常想消灭父亲独占母亲，同时又害怕父亲知道后会割掉自己的生殖器，于是产生阉割焦虑。为了处理这种矛盾，男孩最终认同父亲并模仿父亲。女孩则相反，她们会亲近父亲，排斥母亲，这叫作"爱列屈拉情结"。平心而论，这个想法实在太曲折、太古怪了，所以屡屡被抨击，在后续的精神分析理论中，其也进行了很大的修改。

儿童的5～12岁，是潜伏期。力比多休眠了，小朋友更多地会去学习，或者和同伴玩耍。

12～20岁，儿童会进入生殖期，力比多从追求自己的身体刺激，转变为异性关系的建立和满足。

弗洛伊德说，前三个阶段最重要，5岁时候的人格决定了成年后的人格，所谓人生的剧本早在童年时期便已写好，如果不能觉察，那么以后只是强迫性地重复而已。

弗洛伊德的发展理论，不但为精神分析式的心理治疗提供了地图，而且对早期教育也有重要的影响。比如，在人们早年的认识中，很难把排便和教育联系起来考虑。但抚育过孩子的父母都知道，孩子在3岁左右确实会对便便产生浓厚兴趣。在精神分析的科普下，人们更能接受这些现象，愿意理解这些想法，甚至有大量风趣诙谐的绘本会围绕着便便展开，这在前弗洛伊德时代是不可想象的。

大师小传

弗洛伊德档案

姓名：西格蒙德·弗洛伊德

性别：男

民族：犹太

国籍：奥地利

学历：维也纳大学医学博士

职业：医生 / 心理学家 / 精神分析的"老国王"

生卒：1856—1939

社会关系：父亲雅各布，羊毛商人

　　　　　　母亲阿美妮，父亲的第三任妻子

　　　　　　妻子玛莎，挚爱一生的伴侣

座右铭：性欲是万物之根本

最喜欢的颜色：？

01 弗洛伊德——精神分析王国的开创者

最喜欢的东西：雪茄
最崇拜的人：达尔文、摩西
口头禅：有时候，雪茄就是雪茄

弗洛伊德是精神分析的开山鼻祖。

心理咨询和治疗的世界，如同金庸先生笔下的江湖，有大大小小几十种流派，天天刀光剑影、争吵不休，你方唱罢我登场。但大浪淘沙，经受住时代和大众考验并且实力最强的是三家：精神分析、认知行为、人本主义。它们的地位分别相当于少林、武当、峨眉。

江湖传言"天下武功出少林"，其实并不特别恰当，因为少林寺虽然是江湖至尊，却更多是天下武功的汇总而非源头。不过，同样的话用在精神分析上，"天下咨询出精分"，就非常合适了。

精神分析是心理咨询和治疗各流派的理论起源。弗洛伊德和他的精神分析率先走进人类心灵荒原的深处，绘制了地图，留下了坐标，后来者沿袭这些足迹，逐渐走向了不同方向。认知行为的创始人贝克、人本主义的创始人罗杰斯，都有多年深厚的精神分析功底，并在此基础上构筑了新的理论流派。

精神分析的影响不限于心理界。"潜意识"的概念、压抑的机制，引起了人们强烈的共鸣和争论，在医学、文学、艺术、哲学、大众文化等方面都留下了不同的痕迹。精神分析不是纯粹的精神病诊疗技术或者心理学说，而是一种体系庞大、立意新颖的人生哲学。

毫不夸张地说，人类的生活因为弗洛伊德而深深改变。弗洛伊德是一个怎样的人？让我们一起走近这个伟大又富有争议的人物，一起来探索答案。

天才少年：浸润在深情的爱和欣赏中

故事得从1856年的一天开始讲起。这天，在捷克的一个小城弗莱堡，一个犹太商人的年轻妻子生下一个男孩。对已经41岁的父亲来说，这一刻平平无奇，他的前妻已经为他生过两个儿子。但21岁的母亲却满含欣喜，因为这是她的第一个孩子，即便她后来又陆续生下另外7个孩子，但这个长子始终是她最关注、最钟爱的那个。

这个男孩就是西格蒙德·弗洛伊德。

但凡伟人来到这个世界，总是伴随着奇奇怪怪的征兆。比如刘邦的母亲梦到神然后怀孕，朱元璋出生时红光满室，圣母玛利亚梦到天使昭示后以童女身份怀孕。弗洛伊德出生时，也有个耐人寻味的小细节。有个老妇人斩钉截铁地告诉他的母亲："您为世界带来了一位伟人。"

哈哈，这是一个有趣的人，我们要感谢她。她的话像一颗小石子投向湖心，泛起的涟漪越来越大，最终波及全世界。

要理解这一点，我们就要先介绍一下心理学上神奇的皮格马利翁效应。有心的老师都知道，你随机挑一个孩子，赞美他的不同凡响之处，暗示他无限的潜力，这个孩子接下来的进步会出人预料。有心的校长都知道，你随机安排一个班，告诉老师这个班是经过精心挑选的，班里聚集了全校最聪明的孩子，这个班的成绩很可能就会出类拔萃。

这就是人类心理奥妙无穷的地方，期待和赞美深刻影响着潜意识，而潜意识可以调动的心理资源和能量是非凡的。

回到弗洛伊德，这个老妇人的赞美有没有对他的父母产生皮格马利翁效应呢？

我想是有的。

弗洛伊德的家境不算富裕，但母亲阿美妮认定了儿子天资非凡，于是在教育上为他倾其所有。事实上，我们去翻阅伟大人物的传记，大多数时

01 弗洛伊德——精神分析王国的开创者

候会发现他们的母亲有这样一个共同特点——对孩子饱含期待、无条件信任、满心满眼的赞美和欣赏，而这些构成了孩子一生自信的基石。

弗洛伊德还不记事的时候，父母就给他请了保姆。保姆名叫娜妮，她是一个非常会讲故事的天主教徒。她常常给幼年的弗洛伊德讲耶稣医病救人、甘心受难的圣经故事。小弗洛伊德听得十分入迷，听完后还绘声绘色地讲给父母听。多年以后，弗洛伊德自己也成了一个医病救人的医生，让许多病人走出了精神痛苦的沼泽，这和他幼年时听到的故事中的情境如此相似，不得不让人慨叹。

弗洛伊德4岁时，全家迁居到奥地利的维也纳。

到了六七岁，父母开始自己教弗洛伊德读书，教材只有一本犹太教的《圣经》。

在人类历史长河中，犹太人非常特别。他们坚定地相信自己是上帝的选民，有深深的民族自豪感，有过摩西、大卫王、所罗门王这些赫赫威名的英豪，有过强盛富饶的国土，获得过自己的"应许之地"。同时，犹太人又多灾多难，他们丧失国土，依次被埃及、巴比伦、希腊、罗马奴役。

到了公元1世纪，犹太人被彻底打散，流落到世界各地。此后漫长的岁月，犹太人在欧洲被普遍排挤，却坚韧不拔地保持着自己民族的信仰、文化和习俗。

雅各布和阿美妮给小弗洛伊德讲犹太教的《圣经》，就是试图让儿子拥有虔诚的犹太信仰。他们想象的画面是这样的：

阿美妮：我们是大自然的尘土，上帝把生息赐给我们，我们才得到生命。

弗洛伊德：听吧，以色列！

但实际上的画风却是：

阿美妮：我们是大自然的尘土，上帝把生息赐给我们，我们才得到生命。

弗洛伊德：我不信！

阿美妮：……

弗洛伊德终身不信仰任何宗教，科学和理性就是他的宗教，他深深迷恋着科学探索，反抗权威并独立思考。对任何学派的创始人来说，质疑和思考都是最珍贵的品质，精神分析也不例外。阿美妮虽然对弗洛伊德的表现感到诧异，不过最终还是欣慰地看到，弗洛伊德从《圣经》中吸取了很多智慧的养分。弗洛伊德在后来的著作中，经常引用《圣经》的语句，并且自己也坦率承认，《圣经》对他知识、智力和道德的发展起到了积极作用。

对少年弗洛伊德影响更深的，是犹太人的身份。

雅各布曾经给弗洛伊德讲过一段自己的经历："在我年轻时的某个周末，我穿戴整齐，戴上毛皮帽，在家乡的街道上散步，迎面来了一个基督徒，他毫无理由地把我的帽子打入街心的泥浆中，还大声骂道：'犹太鬼，滚出人行道！'"

弗洛伊德问："那你当时是怎样对付他的呢？"

雅各布静静地回答："我走到街心，把帽子捡了起来。"

小弗洛伊德捏紧了拳头，又失望又愤怒。作为一个犹太人，弗洛伊德对歧视与侮辱和父亲一样敏感，但他采取的是和父亲截然相反的处理方式。他争强好胜，从不妥协，深深浸染着一种征服者的气质。

弗洛伊德的个人气质不断影响着精神分析的走向。精神分析的理论刚提出来便遭遇四面楚歌的境地，甚至被攻击为"犹太人精神缺陷的产物"，弗洛伊德凭着坚韧不拔的毅力，用"继承先辈们为保卫耶路撒冷圣殿所具备的那种蔑视一切的全部激情"与反对者针锋相对，并让精神分析在欧美各地落地生根，开花结果。当弗洛伊德和曾经的追随者阿德勒、荣格发生意见分歧时，他同样不做任何让步，一一与之决裂，国际精神分析学会一度分崩离析……不过，这是后话了。

01 弗洛伊德——精神分析王国的开创者

让我们先回到1865年，这一年，弗洛伊德9岁，在家学习两三年后，他以优异的成绩考上了文科中学。

据说世界上有四种学生：有的勤奋学习，成绩很好，叫作学霸；有的吊儿郎当，成绩更好，叫作学神；有的勤奋学习，成绩一般，叫作学农；有的吊儿郎当，成绩很差，叫作学渣。

按照这个标准，弗洛伊德是学神中的学神。他只用极少极少的时间来应付学习，但在高手如云的文科中学，他的学习成绩连续7年保持年级第一。

弗洛伊德涉猎广泛，他像一只书虫一般在书籍的海洋中遨游，文学、外语、数学、物理、化学、哲学、历史……什么都读，尤其喜欢古希腊神话故事、莎士比亚和歌德的作品。众所周知，弗洛伊德的著名理论"俄狄浦斯情结"就是用希腊神话里的故事命名的。

弗洛伊德是个语言天才，他精通德语、拉丁语、希腊语，熟练掌握法语、英语、希伯来语，还懂意大利语和西班牙语。语言不仅是工具，也是打开各民族文化的钥匙。熟谙8种语言，让弗洛伊德能够更好地吸收世界的文化精华。

在弗洛伊德的中学时代，父母一如既往地全力支持他的学习。特别是母亲阿美妮，是"再穷不能穷教育"的忠实拥护者，更是弗洛伊德的"忠实粉丝"。母亲对弗洛伊德的偏爱表现得很明显，一群弟妹挤在一起睡，唯一的一间起居室给弗洛伊德做书房兼卧室。晚上全家人不舍得点灯，只有弗洛伊德点一盏煤油灯来照明。更过分的是，弗洛伊德的妹妹安娜在学钢琴，小姑娘很勤奋，不用家长催，也不用家长陪，每天认认真真地主动练琴。但弗洛伊德嫌她影响自己思考，逼迫妹妹把钢琴搬走。哥哥太霸道，妹妹很愤怒，于是两人开始吵架。兄妹俩的争执被母亲阿美妮知道后，爱好音乐的阿美妮毫不犹豫地手一挥，钢琴搬走……可以想象小安娜的心理阴影有多大……

母亲的美丽、温柔、海一样的深情、无微不至的关怀，让年少的弗洛伊德备感幸福，这种幸福既包括物质上的满足，也包括精神上的受关注、重视和偏爱。弗洛伊德深深眷恋着母亲，在后来一封给朋友的信中，40岁的弗洛伊德写道："我发现，我也一样眷恋母亲而嫉恨父亲，如今我认为这是天下儿童皆然的现象。"弗洛伊德一生依恋母亲，到阿美妮90多岁时，弗洛伊德依然经常去看望她、陪伴她。

在家庭尽了最大努力营造出的爱的环境中，他的才华和天赋如幽深之泉，蓄力待发，喷涌待出，后劲无穷。

1873年，17岁的弗洛伊德从文科中学毕业。由于迷上了达尔文的进化论，他选择了维也纳大学医学院，学习生物学。新的人生篇章就此展开。

青春岁月：春风得意的学业，热情如火的爱恋

弗洛伊德读大学时，父亲雅各布的经济情况已经十分窘迫，虽然号称自己是羊毛商，但他的生意在这时已举步维艰。幸好前妻生的两个儿子运气很好，在伦敦的生意做得风生水起，可以常常接济父亲。

弗洛伊德其实并不想当医生，他狂热地迷恋哲学，于是经常把自己泡在书海里，孜孜不倦地阅读柏拉图、莱布尼兹、赫尔巴特、费希纳、尼采、叔本华……他的父亲一边心疼地哆嗦，一边心甘情愿地掏出钱来给他买书。从某种意义上说，弗洛伊德可不算是一个懂事的孩子。

弗洛伊德也迷恋生物理论。他怀疑鳗鱼是雌雄同体，雌鳗鱼可能也有睾丸。很长一段时间，弗洛伊德和鳗鱼杠上了，每天都跑去抓鳗鱼，为了寻找它们的睾丸，他孜孜不倦地解剖了400多条鳗鱼，遗憾的是，雌鳗鱼竟然没有睾丸。不过，雄鳗鱼的睾丸位置倒是被他找到了，于是弗洛伊德据此发表了他的第一篇学术论文《鳗鱼生殖腺的形态和构造》。没想到

01 弗洛伊德——精神分析王国的开创者

这项研究还给他带来了意外收获，著名的生理学家布吕克教授因此看上了他，让他进了自己的实验室。弗洛伊德跟着教授兴致勃勃地研究起了从鱼类到人类的神经系统。在这个实验室里，弗洛伊德认识了约瑟夫·布罗伊尔——一个长他14岁、在他生命中扮演了重要角色的人。

布罗伊尔对弗洛伊德十分爱护，不但多次在经济上资助他，还由衷地表达对他的崇敬和欣赏。布罗伊尔早已成名，富有、受人尊敬，却不断对别人说，他看弗洛伊德，就像小鸡仰望鹰隼。布罗伊尔的眼光像X光一样锐利，胸怀像大海一样宽广，他对弗洛伊德从职业到生活，从思想到情感均产生了深深的影响。

比别人聪明，还比别人勤奋，说的就是维也纳大学时期的弗洛伊德同学。这个时期的弗洛伊德，不玩耍、不恋爱、不搞社团活动，只专心读书，除了哲学、动物学，还选修了心理学、组织学、海洋生物学等多门课程。8年时光匆匆而逝，1881年，25岁的弗洛伊德终于毕业了，拿到了医学博士学位。未来科学生涯需要的学术条件初步完成了。

可是，弗洛伊德毕业后，不找工作，不行医，继续待在布吕克的实验室里搞研究，生活上仍然靠父母资助。

幸好，命运之神及时展现了她的仁慈。1882年，弗洛伊德认识了一个姑娘，她的名字叫玛莎·伯纳斯。弗洛伊德和玛莎两情相悦，认识两个月就悄悄订婚了。恋爱中的姑娘智商下降，姑娘的妈妈却尖锐指出：你无房无车无收入，拿什么来娶我的女儿？玛莎的妈妈要求弗洛伊德经济独立了再谈结婚的事，然后火速带着玛莎离开维也纳，回了老家汉堡。此后4年的时间里，两人只能靠书信来寄托情思，为此写下了1 500多封书信。弗洛伊德的许多思想在这些书信中闪耀，而且他那汹涌澎湃的激情让人印象深刻，例如信中有这样的句子："我珍贵的、至爱的姑娘""不要忘了因你才快乐的那个可怜的男人""我会用力吻你到皮肤发红，也要把你喂得白白胖胖"……弗洛伊德狂热和执着的品性在这些情书中一览无余。同时，弗洛伊德对女性的俯视也初见端倪，他觉得女性婚前应该是温柔的小可爱，婚后应该是妻子和母亲。后来在弗洛伊德的理论里，他把女性看作被阉割的男人，对女性心理的研究始终乏善可陈，虽然他一生都忠诚于他的妻子玛莎，虽然最终是他的女儿而不是儿子继承了他的衣钵。

回到1882年年底，为了娶到心爱的姑娘，弗洛伊德开始努力赚钱。他离开了布吕克实验室，进入维也纳总医院实习，先后在外科、内科和精神科工作。1885年又当上了维也纳大学的编外讲师。这段时间里，有两件事值得提起，一个是后来为他带来恶名的古柯碱研究，他认为古柯碱有非常好的麻醉效果又不会上瘾，但后来的事实证明这是误判，一个好友因为古柯碱上瘾直接丧了命。另一个是他去了巴黎5个月，跟著名的医师沙可学习催眠疗法。

1886年，弗洛伊德终于开了自己的诊所，并赚到了一些钱。同年，玛莎带着微薄的嫁妆和弗洛伊德结了婚。桀骜不驯、无忧无虑的青春结束了，弗洛伊德的人生翻开了崭新的一页。

维也纳行医：在生活的苟且中，梦想依然满目生辉

对30岁的年轻医生弗洛伊德来说，生活很平淡。婚姻带来的浓情蜜意和美满的性生活，很快就消逝了。从弗洛伊德的著作及信件的蛛丝马迹里，人们推测，弗洛伊德和玛莎的性生活大约只维持了10年，生了6个孩子。40岁之后，弗洛伊德基本停止了性生活。这位天天把性欲挂在嘴边的精神分析大师，自己过的却是清教徒式的禁欲生活。

最初几年的行医生涯也十分苦闷。来看病的人稀稀拉拉，主要是歇斯底里症、神经衰弱症或者精神官能症患者。弗洛伊德并没有什么新鲜花样，只是随大溜地按摩按摩、电疗一下，或者催催眠之类。

01 弗洛伊德——精神分析王国的开创者

然而，如同沙漠中有甘泉，枯燥的个案积累中，也埋藏着灵感之泉。还记得那个宽宏慷慨、如父如兄的布罗伊尔吗？他的一个病例深深启发了弗洛伊德，就是精神分析史上著名的"安娜·O"。

安娜的真名是伯莎·帕本海姆。彼时她是一个21岁的富有人家的小姑娘，很有才华和想象力，但家里充满了各种各样的规矩。后来父亲生病了，小姑娘很懂事地照顾父亲，但她很快也得了歇斯底里症，出现了咳嗽、瘫痪、麻痹、情绪起伏、幻觉等各种症状。于是，英俊亲切的布罗伊尔医生每晚去帮她催眠治疗。小姑娘在催眠中讲了很多故事，比如自己无法喝水，是因为有一次看到一个女人让狗舔自己杯子，恶心到她了。神奇的是，说完就好了，能继续喝水了。心结说出来，症状就能消失！小姑娘很激动，表示这很像一种"谈话疗法"，布罗伊尔也很激动，他换了一种说法，叫"清扫烟囱"疗法。很显然，小姑娘的说法更简洁明了，后来被弗洛伊德沿用了下来。

医生和病人双双激动不已，但作为吃瓜群众的医生妻子愤怒了，她发出了一声声质问：

为什么你每天晚上都要去看望那个聪明美丽的小姑娘呢？

你为什么对她这么上心？

你和她到底什么关系？

布罗伊尔委屈地看着妻子，分辩道："我是清白的。"

在妻子将信将疑的目光下，布罗伊尔再次走出家门，又去了小姑娘家。这一次，小姑娘捂着肚子疼得打滚，见到他，小姑娘大喊："布罗伊尔医生的孩子要出生了！"

这下麻烦大了。虽然布罗伊尔很确信小姑娘是处女，但还是被吓到了。他匆匆给她催眠，此后中断了对她的治疗，把她转到了瑞士的一个高端疗养院。奇妙的是，离开了这个让她十分依赖的医生后，帕本海姆小姐的病慢慢好了。她痊愈后写过小说、戏剧，最后成了一个杰出的社会运动家,为犹太人、妇女和儿童而战。因为贡献卓著,她的头像后来还被印到了德国的邮票上。所以还是那句话,人类的心灵是伟大的。它有强大的复原能力,无论你跌到了多么深的低谷,也还有机会重新回到天空翱翔。

安娜,像一道闪电,劈开了弗洛伊德对歇斯底里研究的黑夜。由这个案例开始,弗洛伊德和布罗伊尔共同撰写了一本书——《歇斯底里症研究》,他们提出了一个著名的结论:歇斯底里患者,主要为过往的记忆所苦。对弗洛伊德来说,他后来理论中的谈话疗法、病因的性因素、病人对医生的移情都可以在这个著名的案例中找到线索。遗憾的是,这本书1895年出版时,两位好朋友已经分道扬镳,因为弗洛伊德的新理论"歇斯底里症当中,普遍有性交中断"未得到布罗伊尔的赞同,所以弗洛伊德无情地和布罗伊尔断绝了关系。据说多年之后,两人在大街上相逢,布罗伊尔张开手臂要拥抱,弗洛伊德报以沉默和回避。

弗洛伊德何以如此无情?与深爱的朋友分道扬镳,对深爱的娇妻置之不理?他将自己的激情也许越来越多地消耗在了对思想的探索中。对真理的热望,如同一个迷人的黑洞吸引着他。朋友的存在,似乎只是为了支持、鼓励和赞扬他。弗洛伊德和布罗伊尔"分手"之后,又找到了一段热烈的新友谊。弗洛伊德和住在柏林的弗里斯医生开始了常年通信,他将其视为新的知己。然而,这段友谊最终还是破裂了。

生活的平淡没有浇灭弗洛伊德对思想探索的热情,他在这个时期创造出一个又一个炫目的、独特的理论,这些理论就如灯花般爆了又爆。他逐渐发展出了"压抑"的想法——如果一个念头不好,人们就会把它压抑到自己想不到的地方。而这个念头为了往外窜,就转化成身体病了或者伪装成别的念头,潜意识的理论逐渐成形。他还提出了性诱惑理论,断言歇斯底里症"最终,我们总是追溯到与性有关的经验"。弗洛伊德兴致勃勃地给维也纳医师们推销他的性诱惑理论,宣称自己如同古代英雄一样,已经解开了歇斯底里之谜。但众人对此嗤之以鼻。弗洛伊德最终放弃了性诱惑

01 弗洛伊德——精神分析王国的开创者

理论，又研究出了俄狄浦斯情结（幼儿杀父娶母的愿望），这是精神分析中一个非常重要的概念。

在发展理论的同时，弗洛伊德也在不断改进他的治疗技术。从1892年开始，他逐渐放弃了催眠术，而偏好自由联想。病人躺在躺椅上，他坐在病人视线之外，让病人不受限制地讲出任何自发的想法或幻想。看似小小的一步改变，却闪耀着灿烂的人性光辉。因为这意味着治疗从医生单向的控制，变成医患双方的合作，变成两个人共同的旅程和探索，这是精神分析的真谛之一。

1896年，弗洛伊德的父亲雅各布去世了，享年81岁。弗洛伊德日后曾称父亲的死亡是他"人生中最重大的事件，最具决定性的失落"。此后弗洛伊德开始转向研究自己，包括梦、记忆失误和口误，自我分析逐渐成了他最重要的工作。

1899年，43岁的弗洛伊德写完了他享誉后世的重要著作《梦的解析》，不过出版推迟到了1900年。弗洛伊德预见到了这本书在精神分析历史上的里程碑意义，所以要求它和新世纪一起来临。但很遗憾，当时的销量十分惨淡，6年多才卖完首印的600本。弗洛伊德在这本书里提出的核心观点是：梦是被压抑的欲望的满足。而梦的扭曲形式是一种审查机制，为了隐藏不被接受的想法和感觉，同时又要留有线索，所以梦必须伪装。这是一个晦涩、奇怪、具有鲜明创造性又自圆其说的理论，大多数人表示看不懂。而能看懂的那些人，都成了弗洛伊德的粉丝。有个德国粉丝留言说：第一次翻开《梦的解析》对于我是决定命运的一刻。当我读完这本书后，我已经找到了一件值得我为之活下去的事情。

从《梦的解析》出版开始，弗洛伊德逐渐拥有了一些追随者，精神分析从弗洛伊德一个人的战斗逐渐演变为一场遍及欧美各国的运动。在这个精神的王国里，弗洛伊德是无可争议的父亲和国王。

精神分析运动：成为摩西一样的英雄领袖

1902年，弗洛伊德成为维也纳大学的非教席教授，同时和他的一些追随者低调成立了"星期三心理学会"，对精神分析感兴趣的学者、艺术家、知识分子陆陆续续来到了弗洛伊德的诊所，逐渐形成了一个小圈子。后来这个小圈子越来越大，在瑞士、德国、英国等地相继成立了精神分析学会。精神分析，像蒲公英的种子一样，被逐渐吹散到世界各地。

1908年，第一届国际精神分析大会召开。来自不同国家的琼斯、亚伯拉罕、费伦奇、荣格等人，像星星簇拥月亮一样围绕着弗洛伊德。这些追随者中，弗洛伊德最钟爱的是比他小19岁的荣格。荣格是瑞士人，不但学术水平高，而且是雅利安人、基督徒。对以犹太人为主的精神分析小圈子来说，荣格就像是一个闪闪发亮的天赐宝贝。弗洛伊德爱荣格如子，荣格敬弗洛伊德如父，他们有几年的亲密期，常常互通书信。在这几年，两颗伟大心灵之间的亲密，精神之间的互相滋养，深深融入了他们彼此的生命。

1909年，弗洛伊德应邀访美，在克拉克大学演讲。弗洛伊德把个案讲得如同福尔摩斯的破案故事一样精彩，听众听得津津有味。精神分析在美国迅速成为热门话题。弗洛伊德的形象，也从维也纳的江湖医生，迅速升格为世界级的学术明星。

精神分析运动得到了蓬勃发展，弗洛伊德也在个案和理论方面不断推陈出新。最著名的个案有少女杜拉、小汉斯、鼠人等。这些个案被反复用来证明俄狄浦斯情结的存在、自由联想的有效以及分析师征服病人潜意识的才智。写书方面，1904年出版的《日常生活中的精神病理学》十分畅销，弗洛伊德从日常生活中的口误失误聊起，把精神分析讲得深入浅出，因此该书大受欢迎。可是，1905年出版的《性学三论》就没有这么走运了，弗洛伊德在这本书里大谈"幼儿性欲"，主张泛性论，为自己赢得

01 弗洛伊德——精神分析王国的开创者

了很多绰号，比如"维也纳的浪荡子""淫荡无耻的流氓"。不过，弗洛伊德没有被打倒，他继续勇敢地探索和捍卫性理论，他早就说过一句话："假如我不能上撼天堂，我就下震地狱。"

弗洛伊德坚定地认为，精神病和神经症都是性压抑的产物，这是红线里的红线，核心中的核心。可是精神分析群里的小伙伴们对此也充满了困惑。比如大弟子阿德勒同学，举手发言说自卑感才是性格形成的动力；比如"皇储"荣格同学，念念叨叨说适应不良才是精神病的起因，而且在一个人潜意识底层，还有一个更深的集体无意识在起作用，而集体无意识和性毫无关系。

弗老师叼着雪茄，脸色阴沉地拍桌子：性理论才是标准答案。不好好听课瞎想的同学，面壁思过；再不悔改，滚出教室！1911年，阿德勒和弗老师决裂。1914年，荣格和弗老师也决裂了。他们都滚了，滚得很远，各自创建了自己精彩的理论学派，用另一种方式把弗老师的精神分析发扬光大。

弗洛伊德对荣格的离开感到很伤心。就像叛逆青少年的家长开始研究《王者荣耀》一样，弗洛伊德开始研究荣格喜欢的神话、原始部落之类的内容，后来写出了《图腾与禁忌》。没想到，弗洛伊德意外地发现，俄狄浦斯情结在原始部落就存在了！

当弗洛伊德把目光转到更宏伟的人类文明时，他的博学、敏锐、热情和勇气再一次让世人炫目。他还写了《米开朗琪罗的摩西》《文明及其缺憾》等，对宗教、文化、艺术等作了精神分析式的解读，为整个人类文明都留下了弗洛伊德式的印痕。同时他继续梳理自己的核心理论，完成了《精神分析引论》《自我与本我》等重要著作。

弗洛伊德继续治疗病患。这个时期有一个非常著名的病患"狼人"。狼人是个年轻的俄罗斯贵族，欧洲的精神病学泰斗布鲁勒尔都对他的病情束手无策，但在弗洛伊德的分析下，狼人早年的创伤——浮现，比如目睹父母性交、姐姐的性诱惑和恐吓、父亲杀蛇和狼的梦，等等，最终狼人痊愈了。狼人后来发表一篇文章说："我跟弗洛伊德分析的时候并不感觉自己是个病人，而是一个合作者，是作为一起在一个新大陆上开垦耕耘的同事。"

多年以来弗洛伊德的人生是激动人心的创造，也是日复一日的苦役。他的工作日日程表如下：

  8:00～13:00 看病人
  13:00～15:00 午餐和独自散步
  15:00～21:00 回诊室工作
  21:00～23:00 晚餐，和妻子玛莎、姨妹米娜或者女儿散步
  23:00～1:00 写信、写书

日复一日，年复一年。弗洛伊德也会带家人度假，每年夏天去维也纳近郊的美景宫酒店住一段时间。《梦的解析》就是在那里完成的。弗洛伊德的长途旅行，则通常都是带着弟子或者姨妹米娜。玛莎留在家里，无休无止地打理家务，照顾6个孩子，努力不让家庭琐事打扰到丈夫的工作。这个美丽聪颖的姑娘，如一个无声无息的影子一般站在丈夫身后，无私地为其奉献了自己的一生。玛莎是一个贤妻良母型的女性，她对丈夫的工作一无所知，倒是米娜常常和弗洛伊德讨论精神分析。

1923年，弗洛伊德患上了口腔癌，但在病痛折磨中，他仍然孜孜不倦地研究和写作。1938年，德军占领维也纳，82岁的弗洛伊德在仰慕者的帮助下，辗转来到了英国。英国国王亲自来看望他，请他在皇家学会世代相传的纪念册上签名。弗洛伊德签好名字，发现上面赫然还有牛顿、达尔文的签名，弗洛伊德激动不已。是啊，他值得激动！66年前，他还是个风华少年时，达尔文便是他心中的英雄；经过66年的艰辛努力，他得以与心中

01 弗洛伊德——精神分析王国的开创者

的英雄比肩，共入史册。弗洛伊德于1939年去世，享年83岁。他最后完成的一本书是《摩西与一神教》，那是他心中的另一个英雄，他曾多次把自己比作摩西。

弗洛伊德去世后，精神分析运动以英国为大本营，继续如火如荼地进行，逐渐发展出更多的流派。

弗洛伊德是一个伟大的人，尽管他有偏激的部分，有片面的时候，但他把科学和理性之光引入人类现实的一个崭新领域——无意识的领域，并竭力尝试各种方法，寻找人类心灵自由的途径。他的努力提升了人类文明的水平。

弗洛伊德开创的精神分析，不仅是一种治疗方法，也是关于人类本性的普遍理论。不管对与错，完善与否，弗洛伊德对人性洞见之深，几乎无人与之比肩。

致敬一代宗师弗洛伊德，也致敬他开创的新时代！

大师语录

1. 一个为母亲所特别钟爱的孩子，一生都有身为征服者的感觉，这种对成功的自信往往可以导致真正的成功。

2. 人生有两大悲剧，一个是没有得到你心爱的东西，另一个是得到了你心爱的东西！人生有两大快乐，一个是没有得到你心爱的东西，于是可以寻求和创造；另一个是得到了你心爱的东西，于是可以去品味和体验。

3. 人生就像弈棋，一步失误，全盘皆输，这是令人悲哀之事；而人生却不如弈棋，不可能再来一局也不能悔棋！

4. 幸福的人从不幻想，只有感到不满意的人才幻想！

5. 生命中唯一重要的事情是爱情和工作。

6. 儿童常常顽皮，有意惹起大人们惩罚他们，而惩罚之后他们会变得安静，感到心满意足。

7. 心理活动的最终目的就质的层面来说，可视为一种趋乐避苦的努力。

8. 如果说意识是一座冰山露出海面的一小部分，那么潜意识则是介于海面和浅层水域的部分，无意识则是这座冰山的深层和根基部分。

9. 美丽只能维持几年，而我们却要一生相处！一旦青春的鲜艳成为过去，则唯一美丽的东西就存在于内心所表现出的善良和了解上。

10. 罪恶感和责任感是群居性动物所特有的。

11. 感性爱得到满足后，注定要熄灭。它要是能做到持久存在，就必须从一开始起，就应带有纯粹情感成分，也就是带有那种其目的受到抑制的情感成分，或者它自身必须经历一场这种类型的转变。

12. 在婚姻开始，双方就不能以身以心赤诚相爱，一旦瓦解，即如山崩之速。

13. 我想不出在儿童时代能有任何比渴求父亲保护更强烈的需求。

14. 笑话给予我们快感，是通过把一个充满能量和紧张度的有意识过程，转化为一个轻松的无意识过程。

15. 众多的女儿对母亲的怨恨，归根结底出自对母亲的责备，为什么降生到这个世界上来不是男人，而是女人。

16. 如果有选择的机会，较好的办法是勇敢面对命运。

17. 任何五官健全的人，必定知道他不能保存秘密！凡人皆无法隐瞒私情，尽管他的嘴可以保持缄默，但他的手指却会多嘴多舌，甚至他身上的每个毛孔都会背叛他。

18. 生活正如我们所发现的那样，对我们来说太艰难了。它带给我们那么多痛苦失望和难以完成的工作。为了忍受生活，我们不能没有缓冲的措施，强有力地转移它，使我们无视我们的痛苦，代替地满足它，减轻我们的痛苦。陶醉的方法，它使我们对痛苦迟钝麻木。

19. 人的本性是不喜欢一样东西，就倾向于认为它是错的，从而更容易找出反对的理由。

20. 恨在与对象的关系中是先于爱的，它源于有自恋性质的自我对外界涌入的刺激所采取的原始批判。

21. 所有生命的目标就是死亡。

22. 文明的演变过程,已经不再模糊,它是爱欲与死亡之间、生存本能与破坏本能之间的斗争,正如我们人类所经历的那样。

23. 文化是在生存的压力下,以牺牲欲望的满足为代价生成的。

24. 一切宗教都是人类恋母情结的衍生物!

02 荣格
——弃位的王储，创建分析心理学

荣格有着丰富敏锐的内心世界。他孤身一人举着火把，走进无意识的幽暗深处，窥到了灵魂的终极奥秘。集体无意识照亮了人类的自醒之路，也让我们卑微的生命拥有了不朽的神话意义。

我们是怎么适应世界的？
——集体无意识和原型理论

对弗洛伊德来说，无意识来源于个人童年经验，它就像地上很多看不见的坑和刺，不时让人摔一跤或者被扎得血肉模糊，而这个人不知道为什么。

对荣格来说，无意识包含两部分。

一部分是个体无意识，里面是情结。荣格也认为情结多来自于个人的经验，但它不是乱撒的刺，而是像荆棘丛，一簇一簇聚集在一起。

另一部分是集体无意识，是无意识中埋得更深的部分，和个人经历关系不大，是人类共同的精神遗传，属于更深广、原始的普遍经验。比如，一个小孩子很喜欢小动物，看到小兔子就摸一摸，看到小羊羔就凑过去和它说话。但他第一次看到蛇，却没有冲上去打招呼，而是非常害怕，甚至拔腿就跑。为什么小孩没有被蛇咬过，也会害怕蛇？答案是集体无意识：我们的原始祖先对这些恐惧有着千万年的经验，这些经验深深刻在大脑里，通过基因传递了下来。

原型：我们从祖先那里继承的东西，远比你想象的多

人类演化了几百万年，集体无意识也攒下了非常非常多的内容。这些内容，荣格称为原型，如英雄原型、母亲原型、魔鬼原型、骗子原型……原型是出生自带的，有点像刚下载的Word软件里的模板，有些常用，有些一辈子都没机会用，但用与不用，原型都在那里。

集体无意识与原型，是怎么影响我们心灵的呢？下面以母亲原型来进行举例说明。

全世界所有的婴儿都天然有母亲原型。在自然界，小马刚出生就能跑，小猫出生几周就能自己吃饭，但人类的婴儿出生时由于很多重要器官都还没有发育好，无法独自存活，必须依靠母亲的照料，依靠母亲给他喂食，帮他御寒，在遇到危险的时候保护他。几百万年的日出日落里，一代代婴儿身边都有一个温暖、奉献的照料者，于是在人类的心理蓝图里，逐渐就有了一张独特的底片，那就是母亲原型。孩子出生后，在和母亲的真实互动中，不断让这个底片显影，呈现出各种各样的母亲形象：有烛光里的妈妈，有含辛茹苦的妈妈，有爱美的妈妈，有坚强的妈妈，有柔弱的妈妈，也有抑郁的妈妈、暴虐的妈妈……然而，不管是怎样的妈妈，孩子都深深依恋着她，因为她是妈妈，是几百万年里我们能活下来的根本原因。遇到危险，遇到艰难，遇到无法面对的羞耻、悲怆、痛苦，人的本能反应就是在心里呼唤妈妈，哪怕现实中的妈妈总是把我们拒之门外。这就是原型对我们心灵的影响。

了解母亲原型，也许会让母亲更好地接纳孩子。曾经有一个妈妈和孩子各自给对方打分的视频很流行，妈妈们给自己的孩子打分时，各种挑剔和数落对方，并普遍只给他们打了5分或6分。可是，轮到孩子给妈妈打分时，情况发生了逆转——不管妈妈脾气多坏，对自己的态度多差，孩子都给对方打了10分。理由很简单，因为她是妈妈呀！孩子对妈妈的爱和信任

是盲目的，就如飞蛾扑火那般纯粹和浓烈！妈妈不该辜负他们。

　　了解母亲原型，也许会让孩子对母亲更宽容。母亲虽然沐浴在原型的光辉里，但她本就是一介凡人，有趋乐避苦的本能，有自私自利的基因，所有的人性弱点她一个也不少。为什么她能够经常克服这些，在肚子饿的时候把食物留给孩子，在石头砸下来的瞬间用身体护住孩子？理由很简单，因为她是妈妈。我们常常埋怨她，甚至怨恨她，因为我们只希望她有神性，而且时时刻刻都要有。但母亲原型的意义，恰恰是让我们明白，现实中的妈妈，是神圣之神性与平凡之人性的融合。学会爱她的神性，也爱她的平凡吧！

　　原型可以结合，生出更多的类型，比如英雄原型和魔鬼原型结合在一起，就是"残酷无情的领袖"，类似希特勒那种。而英雄原型和母亲原型结合起来，就是"心怀大爱的救世主"，类似甘地那种。虽然对我们普通人来说，坏也没可能发动战争，好也没机会拯救世界，但心灵层面这些原型的力量是一样的，可以让我们变成一个以折磨下属为乐的上司，或者一个愿意爱护每个下属的上司。

　　原型本身是无意识的，我们无法真正触摸到它。但我们可以看到它表现出来的样子，就像我们常常把温柔、体贴、会照顾人的品质称为母性，说家常又好吃的菜里有"妈妈的味道"，把黄河叫作"母亲河"，把祖国和大地比作母亲，这些意象有时候是细微的，有时候是宏大的，不仅和生下我们的那个女子有关，还能让我们意会到其中的深邃与动人。

　　荣格研究了很多原型意象，我们接下来介绍一下对每个人的人格都意义深远的几个。

人格面具：让我们更好地适应外界，却也容易迷失自己

人格面具是一种重要的原型意象，它的含义是对社会规则的顺从。人生像个大舞台，我们需要扮演各种社会角色，比如一个人白天是个兢兢业业的小职员，晚上是个充满灵性的作家，同时还是一个孝顺的女儿，一个温柔的妈妈，一个体贴的妻子。在每个社会角色里，最方便的办法就是带上一个人格面具，里面包含了一整套的人格品质，这是适应社会的一个好办法。

比如这个小职员工作的时候戴上一个人格面具，里面包含勤快、有眼色、听老板话、和同事们处好关系、少说话多做事……她可以迅速得到社会的承认，顺利地加薪升职，得到世俗意义的成功。回家她换上另一个人格面具，里面包含了温柔、权威、耐心陪女儿游戏，严格要求女儿按时刷牙、睡觉……她可以给女儿很多爱，又培养女儿的好习惯。这就是人格面具的好处。

人格面具好处多多，但遗憾的是，人格面具并不是真的自己，起码不是完整的自己。如果把面具当成了脸，就会变得可悲。

一个工作狂可能和家人形同陌路，一个全职妈妈可能与世隔绝，一个孝顺儿子可能是一个缺位的父亲，一个义气的哥们可能事业七零八落。因为他们耗费了自己所有的心血，专心喂养某一个人格面具，从而沦为了这个面具的奴隶。所谓过犹不及，不认同和过度认同人格面具，都是对环境的适应不良，都会带来精神的痛苦和病变。

了解人格面具，对人们的意义是：要觉知人格面具，在不同社会角色中灵活切换，更要觉知面具下真正的自己——稳定的、完整的、真正意义上的自我。面具常变，自我永存。英国作家吉卜林的一首诗《如果》是写给他12岁儿子的，在我看来，这首诗完美诠释了人格面具和自我的关系：

02 荣格——弃位的王储,创建分析心理学

如 果
吉卜林

如果在众人六神无主之时,
你镇定自若而不是人云亦云;
如果被众人猜忌怀疑时,
你能自信如常而不去妄加辩论;
如果你有梦想,
又能不迷失自我;
如果你有神思,
又不至于走火入魔;
如果在成功之中能不忘形于色,
而在灾难之后也勇于咀嚼苦果;
如果看到自己追求的美好破灭为一摊零碎的瓦砾,
也不说放弃;
如果你辛苦劳作,
已是功成名就,
为了新目标,
你依旧冒险一搏,
哪怕功名成乌有;
如果你跟村夫交谈不离谦恭之态,
和王侯散步不露谄媚之颜;
如果他人的爱憎左右不了你,
如果你与任何人为伍都能卓然独立;
如果昏惑的骚扰动摇不了你的意志,
你能等自己平心静气时再作答……
那么,你的修养就会如天地般博大,而你,就是个真正的男

子汉了，我的儿子！

阿尼玛和阿尼姆斯：缺失的那一角才是圆满的秘密

男人通常认为自己是男人，女人也通常认为自己是女人。但在心理上，每个人都是雌雄同体的。其实生理上也一样，男人和女人都既分泌雄激素也分泌雌激素，只不过是多少的差异而已。

荣格用阿尼玛形容男人心理中女性的一面，这个词原来的意思是"灵魂"；用阿尼姆斯形容女人心理中男性的一面，这个词原来的意思是"精神"。

和人格面具一样，阿尼玛和阿尼姆斯对我们幸福地生活在这个世界上很重要。如果没有它们，就真成了"男人来自火星，女人来自金星"了。大家是不同的物种，永远无法交流，更不能互相吸引。

阿尼玛和阿尼姆斯的存在，首先是有利于个人的人格平衡。最强的男人常常是铁骨柔情，他拥有阳刚、勇毅的男性气质，又允许自己温暖柔和。用荣格的术语来说，他允许自己的阿尼玛在意识和行为中得到展现。反过来，如果一个男人一味刚强，只想展现百分百的男子气概，就相当于把自己的阿尼玛关在了黑暗的无意识里，结果是表面刚猛，内心深处却软弱、敏感和柔顺，因为无意识经常支配人的行为。

以《三国演义》里的桃园兄弟为例，刘备就是属于允许阿尼玛在意识和行为里展现的人，他常常流露出柔弱的部分：动不动就哭，悲哀地叹息自己胖了，在曹操面前装孙子，在刘表面前装孙子，三顾茅庐哀求诸葛亮来帮自己，打不过别人就跑……汉语中有一个词形容刘备很传神，叫作"雌伏"，意思是像女人一样屈居人下。然而刘备弱吗？当然不！三国时代，英雄辈出、大浪淘沙，稍微弱一点的人根本活不下去，刘备从一个没有资源的小角色，硬生生挤掉了一茬茬的王侯将相，最后三分天下有其一，怎么会弱呢？他的野心、能力、毅力、魅力都十分卓绝。

张飞却恰恰相反，他把自己的阿尼玛关在了黑暗的无意识里。表面看，他确实十分刚猛，很男人。但事实上呢？他敏感，三顾茅庐前两次碰了钉子，刘备很坦然，张飞却炸毛了，骂诸葛亮看不起人。他嫉妒，诸葛亮出山后，刘备刻意笼络，张飞十分生气，动不动就跳起来和军师大人争执。他柔顺，不管多么不情愿，只要哥哥说了就乖乖听从。他软弱，关羽死后，张飞处于精神崩溃的状态，情绪失控之下天天喝酒打骂兵士，导致自己在睡梦里被手下砍下了头颅。一个看起来如此阳刚的男人，内心深处却如此迷糊而软弱。

对女性来说也一样。一个女人的人格和谐，要允许她的阿尼姆斯在意识和行为中得到展现。她是柔和、感性的，也是果敢、理性的。如果女人把阿尼姆斯关在无意识里，可能她表面上有着强烈的女人味，但内心深处却像顽石一样固执和任性。

荣格提出这个理论的时候，女性从小接受和男性不同的教育，长大后困在家庭里，很少到社会上工作。今天的时代已经与那时截然不同了，女孩子和男孩子从小进同样的学校，学习同样的科目，接受同样的语言、思维、逻辑训练，数理化学得比男生还好，以至于学校里阴盛阳衰的说法屡见不鲜。今天的时代，是女性的阿尼姆斯欣欣向荣发展的时代，极少有女孩再把阿尼姆斯关到无意识里了。

然而，如同荣格始终强调的，过犹不及。阿尼玛和阿尼姆斯过度发展会怎么样？阿尼玛过度发展，会让男人太细腻，显得英雄气短、儿女情长，典型的例子就是《红楼梦》里的贾宝玉，甚至会有男人完全被阿尼玛占领，认同自己心理上是个女性。而阿尼姆斯的过度发展，会让女人丢弃女性的气质，显得更像男人，过去的铁姑娘，今天的女强人都从某一个侧面来描摹这种现象。完全被阿尼姆斯占领的女性，会认同自己心理上是个男性。

阿尼玛和阿尼姆斯，除了对自我的人格平衡有帮助，还是爱情发生的重要原因。一个男人为什么会爱上一个女人？按荣格的看法，是因为这个女人和他内心深处的阿尼玛意象是吻合的。当然阿尼玛不一定只和情欲有关，也和母亲情结有关，和创造性的智慧有关。当男人把阿尼玛意象的积极方面投射到一个女人身上，爱情就发生了：她让他着迷，吸引着他拜倒在她的石榴裙下。梦中情人这个词，非常贴切地形容出了阿尼玛投射的机制。如果这个女人也恰好把阿尼姆斯意象的积极方面投射到这个男人身上，两情相悦就发生了，两个人会共浴爱河，在对方的眼睛里会看到全然的欣赏，看到一个世间最美好的自己，这是何等美妙的体验！诗人赞颂爱情，少男少女渴望爱情，不是没有原因的。

然而，建立在投射基础上的美妙体验，就像流沙上的海市蜃楼，在现实的考验下很快就会消散。当双方作为真实的人，而不是对方的阿尼玛和阿尼姆斯相处时，爱情的幻觉便消失了，双方开始在对方身上投射消极意象，这时不满和争吵就会层出不穷。正是因为相爱容易相处难，所以罗密欧与朱丽叶要在浓烈的爱情中死去，而王子和公主的故事要在"从此以后，他们幸福地生活在一起"那一刻戛然而止。

当然，世间仍然存在真正的爱情。因为极偶然的机缘，男女双方看到了真实的对方，并且两人都足够成熟，可以全然接纳这种真实，就此会成全一段生死不渝的爱情。就如同张爱玲小说《倾城之恋》里的范柳原和白流苏，战争和沦陷让两个自私鬼的真实自我赤裸相对，从而产生了真正的爱情。但这种事绝对是小概率事件，大部分人的爱情都是从阿尼玛和阿尼姆斯的投射开始，从甜蜜到争吵，从争吵到乏味，然后在岁月一点点的研磨中，慢慢触摸到对方的真实，磕磕绊绊地经过很多道坎儿，如果他们足够幸运和智慧的话，那么在生命的晚期，将体会到爱情的回甘——那悠长又淡甜的生命之泉的味道。

说到真实的人，就涉及下一个原型意象：阴影。

阴影：拥抱阴影吧，如同拥抱它身后的阳光

在阳光下，每个人都有一个影子，阳光越明亮，影子越黑暗和清晰。没有阳光和灯光的时候，也没有影子。

荣格认为，在我们的无意识里也存在一个黑暗的部分，他称之为阴影。阴影里充满了动物性，充满了我们不喜欢、觉得羞耻和难堪的内容。奇怪的是，我们的人格面具越美好，我们的道德戒律越完善，我们的阴影就越黑暗，就像阳光和影子的关系一样。

我们无意识对付阴影的办法，是投射到别人身上。比如一个女人去买菜，一定要还价一毛钱，菜贩子坚决不同意，女人就非常愤怒地指责他斤斤计较，把一毛钱看得比天大。好吧，旁观者都知道，是这个女人在计较这一毛钱，但唯独她自己不知道。因为人们都对自己有一种完美的幻觉，这些自私、嫉妒、无情、势利、庸俗等"恶"的部分，只能扣在别人头上。

意识到自己的人格面具相对容易，逐渐触摸到自己的阿尼玛或者阿尼姆斯也不算太难，但一个人意识到自己的阴影是很难的。大多数人终其一生，只承认自己一半的心灵，就是那光明美好的一半。对他们而言，生活中的幸运和贵人都来自于此。而那些倒霉事，那些刁难和伤害，全是别人的错，我们是无辜的。

直面阴影很难，是因为阴影里充满了罪恶、内疚、无能的感觉，还有暴露后会被讨厌和抛弃的恐惧。但是永远把阴影留在无意识里，并不能消除它，它会沉到越来越黑的地方，不断拨弄风云让我们深感乏力，涌现出诸如此类的念头：为什么我这么可爱，却没有人爱？我都好成这样了，

怎么别人还不领情？我怎么这么倒霉？我这么勤奋，怎么还是一事无成？为什么我这么累？……当我们的阴影沉在无意识里，类似问题就会层出不穷，而我们的生活将很容易变得死气沉沉。

如果有一天，我们幸运地能直面阴影，把它整合到自己的意识里，我们就会整整多出来一半心灵的领土，而且是一片资源丰饶的领土。阴影里藏着大量的心理能量，当我们人类还在食物链的中游慢慢进化的时候，我们就开始储藏这种能量了，它包含了生命中最原始和鲜活的动物性——那些在大自然里原本是无善无恶的。

当我们允许阴影进入意识，我们会有双重收获：一方面我们获得活力，会更生机勃勃、更富有创造性、生命更趋完整；另一方面我们获得自主性，承认自己的阴影意味着要对它负责，我们的美好不再是盲目的、悬在半空中的，而是真实的、自主的、脚踏实地的。我们知道自己自私无情，却仍然选择了爱和照顾别人的时候，这种爱才是可靠的。我们知道自己胆小如鼠，知道自己是发着抖颤着腿去面对的时候，勇敢才是可靠的。

没有和恶的较量，就没有善，没有对黑暗的超越，就没有光明。我们的先哲们早就意识到这一点，所以孔子说"知耻近乎勇"，一个人能够直面自己的羞耻是需要很大勇气的。老子说"天下皆知美之为美，斯恶已；皆知善之为善，斯不善已。故无相生，难易相成，长短相形，高下相盈，音声相和，前后相随"，单一的美和善是不存在的，美和丑、善和恶通常如影随形。

涵容阴影，让自我引导出阴影中的生命力，让我们有机会成为一个完整的富有创造性的人。但涵容阴影意味着驾驭，而非纵容。如果自我被阴影压倒了，人性就泯灭了。看看那些被酒瘾控制、天天烂醉如泥的人；看看那些完全丧失了廉耻，穷凶极恶地贪污腐败、为祸人间的人；看看那些给孩子灌芥末、用熨斗烫孩子脸的幼儿园老师。他们都是任由阴影中的"恶"占领了他们全部身心的人。

还有一种被阴影占领的情况，是那些极富创造力的艺术家。阴影里的洪荒之力——或者用我们更常用的词汇"灵感"——潮水般地涌上来，让画家无休止地画下去，让作家情不自禁地写下去，让雕塑家始终无法放下刻刀，尽管身体已经疲倦不堪，精神都已耗尽，双目红肿，头发凌乱，但仍然像着了魔一样，扑在自己的作品上，把生命倾注给作品。文艺复兴时期著名的雕塑家米开朗琪罗，就是这样一个人。他的一生为天才的灵感所累，几乎分不出时间吃饭和睡觉。连续12年里，他生活在持续不断的亢奋里，不断地雕刻，不断地工作，连靴子都没有时间脱下。长时间保持一个姿势工作，他的腿因充血而肿胀，无奈的他只好将靴子割破脱下，可是脱靴子的时候，腿上的皮也跟着扯了下来。自虐啊，自虐！天才没有办法，他们肩负使命而来，我们普通人真没有必要这么惯着阴影。

除了人格面具、阿尼玛和阿尼姆斯、阴影，还有一个和每个人都息息相关的原型意象叫作自性。自性是一个核心的原型，就如同太阳是太阳系的核心一样。自性是荣格心理学中最重要的概念，是人毕生所求的目标和线索，所以我们要在后面专门讲它，这里先不赘述了。

人和人，天生就不一样
——人格类型理论

相亲现场，常常看到这样的场景：

慈眉善目的介绍人阿姨推推小伙儿，介绍一下你自己啊。小伙子期期艾艾地说："我，我是一个内向的人……"介绍人撤了，小伙子半天说不出话，姑娘不觉得他无礼，反而扑哧一笑。因为他刚才说了，他是一个内向的人。姑娘明白，内向的人可能不太会和人交流。

小伙子最终抱得美人归，他深深感谢了媒人，但其实他更应该感谢的是荣格。没有荣格内外倾理论的广泛普及，可能在他哆哆嗦嗦说不出话的时候，姑娘就已经拂袖而去了，哪有后来的花好月圆呢？

心理成分各有妙用

荣格在1921年写了一本书叫《心理类型》，他在这本书中描述了不同的人使用心理成分的方法，这本书对后世影响深远，尤其在人力资源、谈恋爱和教育孩子方面产生了重要影响，这就是人格类型理论。

让我们把心理比做一套公寓，公寓一般都有客厅、卧室、洗手间和厨房，各自承担不同的功能。但每家人的公寓都不一样，有的客厅特别大，有的厨房特别大。心理也是如此，我们有相同的心理装置和心理成分，但哪一块用得比较多，每个人都很不一样。

荣格认为，心理有4种功能构成，分别是感觉、直觉、思维和情感。感觉告诉你存在某个东西，直觉告诉你它是哪里来的，思维告诉你它是什么，情感告诉你是否喜欢它。比如一个红苹果放在桌上，偏爱感觉的人第一反应是：哇！它又大又红。偏爱直觉的人则立刻想：咦，妈妈什么时候买的苹果？偏爱思维的人想：哦，一个红富士苹果。偏爱情感的人想：我想吃。

在4种功能之外，还有两种态度：内倾和外倾。顾名思义，外倾朝向外界，内倾关注内心。同样是加班累得七荤八素，外倾者犒劳自己是叫上一群朋友去k歌，内倾者犒劳自己是躲起来听音乐。

态度和功能的关系是什么呢？就像有的人喜欢豪华装修，他的卧室、客厅等房间就都布置得很豪华；有的人喜欢简单装修，他的每一间房都布置得很简单。态度就像一种底色或者风格，如果一个人内倾，那么他的4种功能都会浸染上内倾的色彩；如果一个人外倾，那么他的4种功能都带有外倾的风格。

人格类型就是排列组合的游戏

这样算下来，2种风格和4种功能搭配，我们就可以得到8种不同的人格类型。

外倾感觉型：实事求是、讲求实际、热衷于细节，注重当下，喜欢在危险运动中寻求刺激。座右铭是："吃吧，喝吧，享乐吧，因为我们明天就死了。"适合当工程师、商人、赛车手等。

内倾感觉型：对情景和事物的细节有深刻的感觉和栩栩如生的记忆，喜欢用艺术形象表现自我。适合当写实作家、印象派画家等。

外倾直觉型：能迅速发现某一情境的所有可能性，第六感发达，喜欢创新，爱好新鲜事物，但很难坚持到底。适合做记者、证券交易人、时装设计师等。

内倾直觉型：不断追逐自己内在的想法和意象，有卓越的洞见，常有各种离奇的幻想和想象。适合当预言家、诗人、心理学家等。

外倾思维型：喜欢理智思考外界事物，善于解决难题、重组事物、提炼规则。适合当律师、公务员、实践派科学家等。

内倾思维型：喜欢理智思考，但偏爱理论观点，而非外界事物。不喜欢被打扰。适合当哲学家、数学家、理论派科学家等。

外倾情感型：喜欢和身边人保持三观一致，为人热情，容易相处，讨厌独处。适合当演员、公共专家等。

内倾情感型：平和而不太说话，但内心有丰富强烈的情感体验，其实对身边人有潜移默化的影响。适合做导师、调解员、作曲家等。

我们可能同时具有两三种类型的人格特质，但会有一个比较占优势。此外，意识和无意识都会影响你的性格，从而构成千变万化的人格类型。

了解人格类型，有助于我们在工作和生活中发挥出自己的优势，正所谓"鹰击长空，鱼翔浅底，万类霜天竞自由"。如果是鹰就别闹着去游泳，同理，如果是内倾直觉型的人，就别逼自己去考公务员，不然会和游泳的鹰一样抑郁。

了解人格类型，会让我们对别人多一些宽容。有的人想法古里古怪，有的人总是约会迟到，有的人很难打开心扉，由他们去吧，他们并非有意冒犯，只是人格类型和我们不一样。

荣格的这个理论太好用了，所以人们陆续开发出很多测试来判断人格类型，其中最著名的是一对美国母女，她们研发的测试叫作MBTI，后来被HR们奉为宝典，用作职业性格测试，在全世界都很风靡，很多大型公司都用它来测试职员的人格类型，并以此来预测他们的职业表现。

一个人最终会成为他自己
——自性化、梦和积极想象

我们前面说过,自性是人们心灵中的一个核心原型,就像太阳是太阳系的中心。事实上,荣格认为,生命的终极目标就是追求自性实现,即自性化。

自性化:聚世界于己身

自性是整个心灵实体的根源,它类似于老子说的"道",它生出心灵万物,又为心灵万物提供秩序感和一致感,让它们不散架、不乱套。如果自性原型在好好工作,你将体会到愉悦、和谐,它不好好工作,你就觉得很乱、很矛盾、很崩溃。

自性化,就是让自性实现和完善的过程。自性化让你成为一个整合的、不可分割的,但又不同于他人的人。它要求你卓然自立,成为天地间

02 荣格——弃位的王储，创建分析心理学

独一无二的自己，又要求你泯然众人，与你所在的时空人群融在一起，荣格形容为"自性化并不与世隔绝，而是聚世界于己身"。用我们中国人的话来说，叫作"天人合一"。

我是宇宙中普通的尘埃，但我聚世界于己身，我即宇宙。

荣格自己也知道这样做很难，所以他说自性化是一个过程，需要不断的约束、持久的韧性、最高的智慧和责任心，像释迦牟尼、耶稣这样的宗教领袖，也只是接近这个目标而已。自性是我们生命中总是朝向它的东西，但是我们从来没有抵达，我们朝它走，就有希望和光明。

问题来了，这么艰巨的任务，我们为什么要认领呢？避开它行不行？事实上，在中年以前，我们确实是避开的。"少年心事当拿云"，我们忙着生存、体验和征服广阔的外在世界，赚钱、升职、买房子、结婚、养孩子，哪有空整天问"你是谁，你从哪来的，你要去哪"这些玄玄乎乎的哲学问题。

然而，中年的来临，让我们再也无法避开这个问题。有一种现象叫作"中年危机"，它表现在每个人身上都不一样：有人半辈子都是家庭的老黄牛，突然有一天抛妻弃子和小姑娘私奔了；有人半生汲汲名利，突然有一天看破红尘出家了；有人成了单位里牢骚满腹的老油条，有人成了和路人撕头发吵架的泼妇……《红楼梦》里宝玉说未婚的女孩是圆润美丽的珍珠，结婚后珍珠变暗了，再以后就变成了死鱼眼睛。事实上，很多男女都符合这个变化过程。

我们通过奋斗终于在世界上站住了脚，不想却变成了死鱼眼睛。35~45岁，抑郁、离婚现象和自杀率上升，据经济学教授布兰奇弗劳尔的统计，中年人对生命的满意度是一生中最低的，在谷底的谷底。然而，危机中也有资源，在这个阶段，自性强行破门而入，我们情不自禁地开始思考我是谁，我到底需要什么。我们开始倾向于摘下人格面具，直面自己的自性。

直面自性是痛苦的，尤其是我们要体验到阿尼玛、阿尼姆斯、阴影以及无意识里的各种情结——我们之前从未体验过的心灵里广袤的未知。但回报也是丰厚的，当无意识里所有的东西被我们的意识察觉和感知到，并被我们接纳整合，光与影、明与暗合二为一，我们的人格变成了一个对立统一的完整的自性，这就是天人合一的真实含义。我们的内心变得丰盈而坚固，中年男人可以不从他人的青春气息中获得生命的意义，中年女人可以不用肉毒杆菌和粉红迷你裙来确认自己，中年职员无须在工作惯性中感到恐惧，我们将内在自足，从容地成为历久弥香的、更好的自己。

梦和清醒的梦，我们看到自己

然而我们怎么去找到自己的自性，实现自性化呢？

千百年来无数人在为之努力，真可谓八仙过海，各显神通。老百姓中的智者，讲究"开窍"，在苦难捶打中完成自性化。佛家讲"悟"，包括冥想打坐中的顿悟，日常苦修中的渐悟。理性主义者讲求"开启心智"，也就是儒家的"格物致知"，在知识和经验的不断积累中，反复思考重建某种体系，直至洞悉人间至理。神秘主义者讲求"通神"，道家后来的养生炼丹是为了成仙。有趣的是明代大儒王阳明，他孜孜不倦地尝试了多种方法，小时候天天对着竹子进行"格物致知"，后来又学养生修仙、佛家修行，更在仕途上翻滚受难，也曾走遍五湖四海锻炼心智，最终在荒芜偏远的贵州龙场，悟到了"理"在心中，以及天人一体的奥秘，从而开启了他的自性化之旅，创建了光耀千古的心学，打造了自己的哲学体系。

对荣格来说，达到自性化的途径则是直面无意识，既包括个人情结意义的无意识，也包括人类深远灵魂意义上的无意识。让无意识冒出来，弗洛伊德最常用的方法是梦和自由联想。荣格常用的是词语联想测试、梦和积极想象。我们在这里主要说说梦和积极想象。

荣格一生分析过8万多个梦，但他对梦的理解和弗洛伊德有很大的不同。在弗洛伊德眼里，梦是个高明的骗子，它有种种伪装，拐弯抹角地说着下流话。但在荣格看来，梦是个诚实的诗人，它从来不刻意伪装自己，而是用生动形象的语言讲着心灵的真理，只是我们有时候听不懂而已。弗洛伊德认为梦的本质是愿望的满足，荣格则认为梦是一种补偿，我们在现实生活中对一个权威人士卑躬屈膝，在梦里我们则变得高高在上。在现实生活中我们对一个人傲慢，在梦里我们则变得谦卑。这是因为潜意识认为，我们做过头了，需要通过梦的补偿来实现平衡。荣格和弗洛伊德一样，认为梦有象征作用，但不同于弗洛伊德蛇和性器画等号式的象征，荣格认为象征有超越功能，里面可能有原型的再现，也可能有心理状态的改变。有一个男人告诉荣格，他梦到了一个醉醺醺、披头散发的泼妇，似乎是他的妻子，可是现实中他的妻子与此完全不同。梦者认为这是很荒唐的一个梦。荣格最后分析出，这个"失实的妻子"是这个男人的阿尼玛，它没有得到良好的发展，而且有了堕落的表现。无意识通过梦境和他说话，提醒他：嘿，你该照顾一下自己的灵魂了。

荣格在分析梦的时候，常常用"放大"和积极想象的方法，而不仅仅让梦者自由联想。所谓放大，是指进入梦的氛围，来看情绪状态及其意象和象征的细节。对梦境的积极想象，是指除了关注梦境的情节和意象，还关注梦者的体验和感受，包括身体的反应和感觉。荣格式解梦，常常要求梦者回到梦里，尽可能慢地回放梦中的场景，描述梦中的细节，结合个人的、文化的、原型的背景来打开梦的象征，让梦者用积极想象和梦中的对象对话，慢慢弄懂无意识到底想和我们说什么。

积极想象也可以脱离梦，作为一种单独的技术来使用。在荣格看来，梦"间接沟通"无意识，而积极想象是直接获取无意识的技术，类似于"睁着眼睛做梦"。我们的意识常常在大脑里浮想联翩，无意识也可以做到。荣格常举的例子是，一个人看到一幅画，画中是山、瀑布、草地和吃草的牛。这个人盯着画，想象画面动起来，想象自己进到画里，在牛群中走上山坡，看到山的另一面——还是草地，但有一排篱笆。他越过篱笆，沿着小道，绕过一块大岩石，看到一个半掩着门的小教堂。他推开门进去，看到圣母的雕像，有个尖耳朵的动物跳下来不见了……这完全像是个梦，只不过此人没有睡觉，但这是梦的语言，或者说是无意识的语言。

积极想象听起来有点玄乎，但如果经常练习就会熟练掌握，就像学习任何一门外语。当然还有一个更简单的积极想象的办法，就是通过画画、雕塑、写作、舞蹈、沙盘等形式，让无意识自然流淌出来。很多小说家会告诉我们：我想象出一个人物，想象她的父亲母亲，她的童年经历，她的爱好，她的好朋友，她生活的各种细节，故事过半后，她就慢慢脱离了我的掌控，似乎有了自己的生命。她的结局已经注定，只是借我的笔写出来，如果我硬写一个相反的，看起来就像假的。这就是积极想象的生动描述，它并不神秘，它自然存在。

在梦和积极想象中，我们会和自己的无意识里的各种原型一一见面，人格面具和阴影，阿尼玛和阿尼姆斯，创伤和情结，温柔地拥抱它们、接纳它们、安置它们，让好的我、坏的我、强的我、弱的我、受伤的我、痊愈的我、孤独的我、乐群的我、天生的我、后天的我……都被看到，都被允许存在，并整合成一个完整的我，这样我们的内心世界就会越来越和谐愉悦。

这就是荣格心理学所期望的。

02 荣格——弃位的王储,创建分析心理学

▎大师小传

荣格的档案

姓名:卡尔·古斯塔夫·荣格

性别:男

民族:雅利安

国籍:瑞士

学校:巴塞尔大学医学院

职业:医生/心理学家/分析心理学创始人

生卒:1875—1961

社会关系:父亲保罗,乡村牧师

母亲埃米莉,神学家的女儿

妻子艾玛,携手一生的爱侣

情人托尼,爱与灵感之源

座右铭:无意识的一切都寻求着外在表现

最喜欢的意象： 曼陀罗

最喜欢做的事： 画画、刻石头

最崇拜的人： 歌德、尼采

口头禅： 看，这就是我

荣格是一个矛盾的人。

他是一个医生，一个理性的科学家，他的研究一直扎根于真实的临床实践——病人的和自己的，但他又迷恋着所谓的神秘领域，宗教、神话、炼金术、占星术、曼陀罗，还常常像先知一样喜欢预言……

他是西方人，却和东方智慧有奇妙的暗合。

他沉迷于古代，是"人类心灵的考古学家"，认为人人心里住着一个200万岁的人，却又站在时代的前沿，和量子物理学家的理论暗合。

每一个心理流派，都有创始人的深深烙印。分析心理学的荣格烙印，似乎比别家都深。现在就让我们一起走近荣格，看一看他斑斓独特的生命旅程。

少年时代：在孤独与迷惑中，叩问灵魂的奥秘

1875年，在瑞士一个安静的湖边小村庄，荣格出生了。这个小生命来到世间，选择的是一个宗教世家。

父亲保罗，是个贫穷的乡村牧师，虽然出身清贵——他的父亲是很有名望的医生、巴塞尔大学的校长，谣传是歌德的私生子；他的母亲是巴塞尔市市长的千金。保罗善良而软弱，他也曾是个喜好诗酒的少年，有过美好的理想。但骨感的现实是，他当了牧师后没了信仰，这让他很痛苦，最

02 荣格——弃位的王储，创建分析心理学

终变成了一个暴躁的、爱发牢骚的平庸之辈。

母亲埃米莉，是神学家塞缪尔的女儿。塞缪尔是个奇人，据说他和自己家族的很多人，都能和鬼魂聊天。埃米莉长得高大壮实，平时热情开朗，但她有时会突然表现出冷酷无情的一面，荣格一直觉得母亲有两个人格。

保罗和埃米莉的日子过得并不幸福，头两个孩子还夭折了。荣格出生后，他们虽然爱护疼惜，但家里始终弥漫着忧郁和悲伤的气氛。他们搬了两次家，在莱茵河瀑布边住过几年，后来搬到了巴塞尔郊外，都是住在空荡荡的大房子里。

小荣格很孤独。

妈妈的爱似乎飘忽不定，荣格3岁的时候，妈妈还因精神崩溃住了几个月的院。姨妈、女仆还有一个美丽的姑娘都曾照料过这个悲伤难过的孩子。女仆长着乌黑的头发，有着橄榄色的面孔，陌生又熟悉的感觉让荣格觉得很神秘。而那个美丽的姑娘，也给荣格留下了深刻的记忆：她带着小荣格来到莱茵瀑布，在金色的枫树和栗树下漫步，阳光在树叶的缝隙中闪耀，黄叶飘落在地上。想象一下这个画面，明亮的秋日、蔚蓝的天空、潺潺的瀑布、金黄色的树叶、温暖的阳光……生命的美好深深地沉在了小荣格的心底。

美好却不稳定的母爱，让小荣格很困惑。他后来回忆说："有很长一段时间，一提到女人，我就自然地联想到一种不可靠的感觉。而父亲则意味着信赖和没有权力。"

父母之外，小荣格也很少有玩伴，他习惯了独自玩耍。比如，坐在花园的石头上说："我坐在这块石头上，它在我下面。"再扮演石头："我躺在这个斜坡上，他坐在我上面。"然后他就问自己："我是坐在石头上的那个人吗？或者我是被他坐在上面的那块石头吗？"这一幕是不是特别熟悉？请看《庄子·齐物论》：

昔者庄周梦为蝴蝶，栩栩然蝴蝶也。自喻适志与，不知周也。俄然

觉，则蘧蘧然周也。不知周之梦为蝴蝶与，蝴蝶之梦为周与？

庄子也曾经如此发问：我是梦到蝴蝶的那个人吗？或者我是梦到那个人的蝴蝶呢？好奇妙，哲人的心灵花园，总是分享着共同的秘密。

除了幻想的游戏，信仰上帝的小荣格还做各种奇怪的梦，比如梦到地下宫殿里有一个金光闪耀的宝座，宝座上是一个祭祀中被拜的男性生殖器。如果这是上帝，也太吓人了！他对黑暗和死亡也有强烈的好奇。有一次他在尺子上刻了一个小人，和一块黑色的石头一起藏在阁楼上。小荣格把这件事当作一个神秘的仪式，孤独、敏感、充满矛盾的小男孩，在易怒的父亲和抑郁的母亲那里得不到抚慰的时候，就跑去阁楼找自己的小人，把秘密倾吐给它，得到心灵的平静。

1886年，荣格11岁，被送到巴塞尔城内的一所学校。新环境让这个内向聪敏的乡村少年心潮起伏，同学是有钱的公子哥和淑女，他们讨论着去阿尔卑斯山度假，而自己则穿着破了洞的鞋子，袜子湿了也没得换。他这才知道父亲有多穷！他懂得了父母的不容易，却越来越不喜欢上学。

在幼儿园门口看看就知道，如果小朋友不想去上学，他们会想出各种奇葩理由，最多的就是装病，比如我发烧了，我肚子疼，上幼儿园牙齿会掉……荣格小朋友才不会这么幼稚，他的办法是真病。12岁的一个夏天，荣格站在路上，一个调皮的男孩推了他，他倒在地上晕倒了，这时有个念头飘过——不用上学了！从此，只要去上学，或者需要写作业，荣格小朋友就直接晕倒。父母找了很多医生来看，有的说是癫痫，有的建议他去大医院，总之一直没治好，于是荣格半年多没有上学，开心地到处晃荡。有一天，荣格无意中听到父亲和一个客人谈话。父亲忧虑地说："我仅有的家当都花完了，要是这孩子将来不能自力更生，可怎么是好？"小荣格呆住了，严峻的现实摆在了他的面前。自己一手导演的眩晕症就此好了，荣格开始发奋学习，并在此过程中对科学、哲学、历史、考古都产生了浓厚的兴趣，逐渐成了班上成绩最好的学生。

少年荣格始终对宗教抱有热情，各种神秘的梦和体验让他备受折磨，但在书中找不到答案，父亲也没有能力指引他。保罗在精神上缺乏自信，在智识上缺乏好奇，对荣格的探索并不感冒，只是泛泛教训他："你总是要去想。一个人不应该去想，要去信。"荣格对此很失望，甚至对父亲的局限认知有些同情。在每个男孩心目中，父亲都曾是无所不能的英雄，可是随着男孩长大、父亲老去，这种失望和同情也会随之出现，这种情绪的体验对男孩来说是一种成长。可是，如果孩子还没有长大就体会到这种情绪，对孩子却是一种深深的打击。荣格对父亲的感情里，始终交织着信赖与怀疑、爱与失望。这种境况，未来还会在他与弗洛伊德之间重演。

在孜孜不倦的读书、思考中，孤独迷惑的少年逐渐成长为一个自我激励和奋进的青年。荣格20岁时，考进了巴塞尔大学医学院。

结缘医学：为灵魂找到了安放的现实

1985年，荣格进入大学，选择了医学。

学费是个问题，保罗筹集了一部分，又向学校申请了生活津贴。荣格进入大学的第二年，保罗生病去世了，只给全家人留下了200英镑。荣格拼命打工，他做助教、为有钱的姑妈卖古董，亲戚们也向他伸出援手，荣格这才勉强能应付学费和家人的开支。艰难困苦，玉汝于成，这段贫困潦倒的日子，让这个一直沉溺于幻想和神性体验的年轻人意识到，世俗生活和现实责任是自己必须牢牢扎根的根基。那段时间，荣格曾经做过一个梦，黑夜里，浓雾弥漫，他提着一盏小灯逆风而行。他双手护着灯，后面跟着一个硕大的黑色人影。荣格后来说，这个梦是很大的启示，这盏灯是他的意识之灯，自主意识是自己唯一的财富。

在学业上，荣格修习了解剖学、生物学等医学课程，并尽量抽出时间来读尼采、歌德的著作。荣格发现他们和自己一样，也体验过神性的世界。这段时间还有一个少女吸引了荣格的注意，16岁的表妹海伦娜，她经常表演通灵，能变幻人格，比如突然说出优雅纯正的德语。荣格后来认为，海伦娜患有某种精神病。

荣格对科学有浓厚的兴趣，并得到了基本的训练，但科学之外他从小就体验到一种精神性的、神秘的东西，也在歌德、海伦娜等人身上看到了。他认为自己对人类的心灵现象，已经发现了一些客观事实："我已经穿越了满是钻石的山谷，但是我却无法使任何人相信"。他模模糊糊地意识到，在科学和精神之间，他需要找到一个中间点。

快毕业的时候，荣格终于找到了这个中间点，那就是精神病学。那原本是普普通通的一天，他漫不经心地翻开克拉夫特埃宾的书，忽然读到了这样的字句：精神病是人格之病。荣格后来形容说，他看到这里，心突然怦怦跳了起来，在一闪而过的启示里，清楚地意识到，精神病学才是他唯一可能的目标，他两股兴趣的激流在这个领域融汇到了一起。

1900年，25岁的荣格离开了巴塞尔，来到了苏黎世，在伯格霍兹里精神病院担任助理医师。院长是布洛伊勒——精神分裂症的提出者，他非常看好荣格。荣格在这个医院待了9年，从助理医师做到了高级医生，并在苏黎世大学担任讲师。

这9年发生了很多事情。

荣格在1903年和艾玛结婚。荣格读大学时去探望母亲的朋友，对她的女儿艾玛一见钟情。艾玛是个聪明、美丽、优雅的姑娘，而且家里非常富有。结婚后，她为荣格生了5个孩子，在事业和生活上都不遗余力地支持丈夫。荣格一生都非常爱她。

荣格在1904年遇到了萨宾娜。这个俄国犹太姑娘当时19岁，是荣格的病人，痊愈后进入苏黎世大学学习医学。两个人发生了恋情，荣格曾写信给弗洛伊德，说这件事让他充满了罪恶感。萨宾娜让荣格饱受情欲之苦，

02 荣格——弃位的王储,创建分析心理学

是他生命中重要的阿尼玛,让他反复思索医患间的移情和反移情。荣格无情地和她分手,又复合,又分手。萨宾娜后来投到了弗洛伊德门下,1923年返回苏联工作。1941年她的城市被德军占领,她和两个女儿被纳粹枪杀。晚年的荣格曾经雕刻了一组名叫"阿尼玛"的群像,其中有一只弯腰的熊,用鼻子推动一颗圆球,上面的铭文是:"俄罗斯让球不停转动。"那像是给萨宾娜的悲伤遗言。

荣格在1904年开始单字联想测验,创立了词语联想法,发展出了"情结"理论。荣格发现,如果一个词语触碰了一个人的情结,他就会出现各种紊乱的反应——停顿、多话、口吃等。比如有个35岁的男子,对匕首这个词有4次紊乱反应,对刺、击中、锐利的、酒瓶也有紊乱反应。荣格立刻化身半仙,告诉他:"你曾因为喝醉酒,有过一桩用刀伤人的不愉快纠葛"。这个男子惊呆了,因为荣格一语中的。

有一个年轻的女病人被诊断为"早发性痴呆",但荣格用情结理论治好了她。她对天使、罪恶、富有、金钱、愚蠢、亲爱的、结婚有紊乱反应。荣格问这个漂亮的女子:什么是天使?她泪如雨下回答说,是她失去的孩子,那个孩子有和她丈夫不同的蓝眼睛。荣格又分析了她的梦,最终发现了她内心的秘密。她曾爱上一个贵族子弟,后来觉得没有希望,就嫁给了现在的丈夫。5年之后,她已经有了两个孩子,女儿4岁,儿子2岁。一个老朋友来玩,说到往事:"当时那位先生已经爱上了你,听说你嫁给别人后他万分悲伤。"她很难过,又很快克制住了。但两个星期后,她开始有很多不由自主的行为。给女儿洗澡时,女儿用海绵喝脏水,她没有阻止,还给小儿子倒了一杯脏水喝。不久,女儿得了伤寒病死去了,她抑郁症急性发作,被送到了精神病院。她"杀"了自己的女儿,否定"错误"的婚姻,这些都发生在无意识里,她的意识并不知道。荣格犹豫了很久,最终向她揭露了这一切,病人痛不欲生,随后却痊愈了。

荣格在1907年第一次见弗洛伊德,正式步入了精神分析的领域。1909

年离开医院，开始私人行医。自此，他的生命迎来了新的一章。

进入精神分析：和心灵上的父亲相爱相杀

弗洛伊德和荣格的相爱相杀，是精神分析史上最重要的八卦。

1900年，荣格就读了《梦的解析》。在词语联想中，荣格发现压抑理论很有解释力，他开始公开支持弗洛伊德。这很难得，因为以当时学术界的眼光来看，荣格是正统，弗洛伊德是旁门左道。二郎神突然崇拜起妖猴孙悟空来，画风着实诡异。但荣格坚定地宣称："如果弗洛伊德所说的是真理，我就会站在他这边。"

1906年，荣格给弗洛伊德寄去了自己的论文，两人开始通信。

1907年，荣格在维也纳初见弗洛伊德，两人酣畅淋漓地聊了13个小时。荣格晚年回忆说："弗洛伊德是我所遇到的第一个真正重要的人。我觉得他非常聪明、睿智、卓尔不群。"

听听这措辞，第一个真正重要的人！对荣格来说，对面这位英俊智慧的长者，似乎闪着金光——他是事业的前辈、精神的导师。荣格曾写信给弗洛伊德说："我对您的敬爱之情，具有宗教般的狂热和虔诚。""请允许我以儿子之于父亲而不是以平等的身份来享受您的友情。"他甚至会嫉妒弗洛伊德周围的人。弗洛伊德是荣格心理学意义上的父亲，艾玛和萨宾娜都清楚地知道这一点，在她们的爱情争夺战里，两个姑娘都曾给弗洛伊德写信，希望弗爸爸可以对荣格施加影响。

弗爸爸也非常喜欢荣格，他宣称自己的追随者里只有两个人有原创性的心灵，其中一个就是荣格。弗爸爸也像爱儿子一样爱着荣格，经常称呼他"我的孩子"，在信里称他为精神分析的"王储"或"长子"，指定荣格担任精神分析会刊《年鉴》的主编。国际精神分析协会成立后，弗洛伊德又再三坚持荣格为主席。弗洛伊德需要荣格,他非常直白地说过这一点:"我需要你。事业的发展不能没有你,你性格坚强又独立,而且你的德国血统使你比我更容易获得公众的支持,因此你是我所知道的最适合承担这项任务的人选。此外,我对你喜爱有加,但是我已经学会抑制自己的这份感情。"

高山流水遇知音。那段日子很甜蜜,他们持续通信,分享着智慧和洞见,享受在某个精神高度能够密集交锋的喜悦。然而,荣格心中始终充满矛盾,他一直怀疑弗洛伊德的性理论。在1907年的一封信里,荣格就写道:"你认为性是一切情感之母吗?于你而言,性真的不只是人格的一部分(虽然的确是很重要的一部分),所以是诊治歇斯底里临床所见最重要、最常见的部分吗?"对荣格的困惑,弗爸爸的反应和保罗爸爸是一样的:不许质疑,要相信。

1909年,两个人之间的裂缝变得明显了。他们一起坐7周船去美国克拉克大学,每天分析彼此的梦。弗洛伊德做了一个梦,荣格怀疑梦和其妻妹——年轻美丽的米娜有关,于是要求他多说点细节,结果弗洛伊德说:"我可不想拿我的权威冒险。"一个念头从此在荣格心中盘旋:弗洛伊德把权威放在了真理之上。完美父亲的形象就此轰然倒塌……

而荣格梦到一栋陌生的房子,却觉得是在自己的家。这是一座两层高的楼,二楼的起居室是18世纪风格,一楼幽暗而古旧,风格属于15或16世纪。他很惊奇,决定查看一下整栋房子。他继续往下走,发现地下室有一个拱形,房间非常古老,大约是罗马时代的。他越来越兴奋,在地面上发现了一个拉环,拉开后又沿着一条又窄又长的石梯来到一个洞窟,这是一个原始文化遗址,地上散落着骨头和碎陶,他看到了两个破碎了的骷髅头。

弗洛伊德怀疑荣格潜意识里希望自己死掉,联想到两个人此前在一次会面中,荣格不停地聊沼气尸体,弗洛伊德当时气到晕倒。现在更好了,又来说什么骷髅头了！他追问两个骷髅头是谁的，荣格只好顺着他的话说，是我妻子和妻妹！事实上他认为，这个梦是在探索自己的意识结构，大厅是意识，地下室是个人无意识，而最底层是人最原始的心灵，近乎动物灵魂的生命。这个梦是荣格集体无意识思想的重要启示。遗憾的是，荣格无法和弗洛伊德讨论这些，他开始像当年逃避父亲一样，用敷衍的话逃避弗洛伊德了。

1910年，两人在维也纳的一次谈话成了荣格所称的"插进我们友谊的心脏的东西"。当时弗爸爸严肃地说："亲爱的荣格，请你答应我永远不放弃性理论，因为这是万物之根本。我们得使它成为一种教条，一座不可动摇的堡垒。"荣格很沮丧，他仿佛听到一个父亲在说："亲爱的孩子，请答应我，这个礼拜天你一定要去教堂。"

荣格不能接受性欲是万物的根本，弗洛伊德则觉得荣格总喜欢神秘玄乎的东西很危险。有一次两个人聊天，荣格觉得心里堵，突然书架发出一声巨响，荣格兴奋地说这是催化显示现象。弗洛伊德惊呆了，觉得他的"皇储"变成了一个胡闹鬼，故意把一些东西放在家具上弄得嘎嘎响。他气愤地骂荣格胡说八道。

1912年，两个人时而紧张，时而缓和的关系遇到了更严峻的考验。荣格从他老房子的梦出发，大量研究古代神话和原始人心理，创作了《转变的象征》。在这本书里，荣格说人类心理的无意识驱力，不限于性和个人经历，还包括集体心灵，解读它要用神话的象征体系。力比多不光是性本能，而是一种未分化的精神能量。可想而知，这些话说出来，坚持性理论的弗爸爸一定会暴怒。荣格很担心，以至于他写最后一章的时候，两个月都无法下笔。可是他最终还是写了出来，并出版了。年末的时候，两个人再度会面，弗爸爸第二次被荣格"气昏"，他宣称说荣格有弑父情结，两个人彻底崩了。弗洛伊德写信建议完全放弃私人关系，而荣格回信道，我从来不向任何人乞求友谊。

1913年，第四届国际精神分析大会，两个人最后一次见面，从此弗爸爸是路人。荣格辞掉了精神分析协会的所有职务，而弗洛伊德给学生写信说："卑劣的、虚伪的荣格，以及他的信徒从我们中间滚蛋了。"

昔日的甜蜜再也不见了，留下的只有苦涩，这需要他们各自咽下。

创立分析心理学：心底无私天地宽

1912年出版的《转变的象征》，标志着分析心理学的诞生，也导致了荣格和弗洛伊德的决裂。从个人感情上说，这场决裂对荣格来说，是深重的打击。

1913年到1918年，荣格几乎精神崩溃了。他出现了各种梦境和幻觉，有一次他梦到洪水淹没了欧洲，后来又变成血海。洪水变血海的幻觉出现了11次，他开始担心自己疯了。后来"一战"爆发，荣格说自己"明白过来"，幻觉是预言，它们与外在的真实有某种对应性。这几年里，幻觉和梦川流不息，似乎无意识的内容通过它们大量往外涌，荣格在恐惧中决定勇敢面对。他找到的方法是，把心里的各种情绪转化为意象，聪明智慧的是个老人，叫他斐乐蒙好了。阴毒无情的是个盲女，叫她莎乐美吧。他任由无意识的东西出来，把它们一一记下来、画出来。他一边做这些一边问自己："我到底在做什么呢，这与科学毫不相干啊。"然后他听到一个女性的声音说："这是艺术。"他听出这个声音属于一个才华横溢、热烈移情于他的一个女病人。好吧，可怜的荣格，虽然你从未说出她的芳名，但我们都知道是萨宾娜，她一直在你心底很深的地方。在这些写写画画的过程中，在把无意识的内容意象化、人格化的过程中，荣格得到了无数的幻觉材料，形成了许多无与伦比的洞见。比如，精神是现实的，不是我们创造的。自性即一个人的整体存在，是一个微观的世界，是精神发展的目标。比如发展出了积极想象的技术。1918年，荣格开始画曼陀罗，一个包含十字或正方形的圆形，用它来表现自己每天所经历的精神。这一年，幻觉慢慢消退了，一切结束了，荣格带着幻觉世界的材料——他整理的满满的《红书》，回到了现实世界。

就像神农尝百草，就像李时珍写《本草纲目》，医生为了弄清药材的疗效亲自品尝，不惜中毒实验出良药，从而挽救了许多人的生命。荣格也是一个医生，他任由自己沉到无意识里，沉到幻觉里，像精神病人一样体验幻觉在自己身上发生的过程，并且试验出驾驭它们的方法，"医生自己都不敢做的事，更无法希望病人去做。这便是我试图冒险的有力动机"。

让荣格撑下来的，除了医生的使命感，还有他牢牢扎根的现实生活——妻子艾玛和孩子们。还有一个特别的爱人托尼。荣格1910年认识托尼，很快他们便产生了恋情。艾玛为此痛苦不堪，夫妻俩不断争吵，但艾玛最终接受了托尼，因为在荣格直面无意识的这些年，托尼给了他最大的帮助。他们分享梦和积极想象，托尼是他的安慰，也是他精神和灵感之泉。荣格的婚姻，是事实上的一夫多妻，他享受着齐人之福。托尼说，荣格对婚姻忠诚让我得到了更多。艾玛说，他给托尼越多给我也就越多。艾玛和托尼后来都成了出色的心理分析师，她们和荣格的关系不仅关乎情欲，也关乎生命自身。当一个人爱上另一个人，生命将更有深度和高度，并得以发现和成就更好的自己，同时付出沉重的代价。这个过程幸与不幸，如人饮水，冷暖自知。

1921年，恢复后的荣格出版了新的著作《心理类型》，并开始大量旅行，去非洲原始部落，去新墨西哥印第安人部落，去东方的印度，有意识地研究原始精神、神话和集体无意识。

荣格还从炼金术中吸取养分，从道家文化中获得启迪，他和汉学家卫礼贤在合著《金花的秘密》的过程中，完善了积极想象的技术，把道家的"自然""无为"的思想融入心理分析中。对《易经》的理解，让荣格的心理学浸满了中国心灵的智慧。

　　在漫长的时光里，分析心理学的大纲慢慢成形：研究心灵的结构和动力，分为意识和无意识，无意识会自动显现，对意识有补偿的作用。无意识可以是内在的梦和意象，也可以把内容外显到生活中。认识无意识，实现自性化，是重要的工作。集体无意识、原型、原型意象、情结、人格类型、自性化等理论越来越饱满丰盈。荣格陆续出版了许多著作，如《寻求灵魂的现代人》《心理学与炼金术》《人及其象征》等，更有大量的演讲、讲座被整理成文，广泛流传。

　　荣格本人所达到的自性化，他的智慧、幽默、和蔼，超凡的洞见和神奇的疗效，则成了分析心理学的活广告，吸引人们从世界各地来到苏黎世。荣格治愈了很多著名的病人，像诺贝尔文学奖得主黑塞、量子物理学家保利等。保利寻求荣格帮助的时候，是个异常偏重智力、酗酒、得不到女性青睐、极端孤独的人。荣格引导他接受了阿尼玛的指引，让他恢复了正常。而量子物理学中"观察者改变事物"的原理也给了荣格很大的启发，完善了他的"共时性"理论。荣格说，共时性指的是某种心理状态与一种或多种外在事件同时发生。保利和荣格合作出版了《自然与心灵的阐释》一书，这本书对心理学和物理学都极具深意。

　　早在1916年，分析心理学俱乐部就成立了，艾玛是第一任主席。以苏黎世为基地，分析心理学很快就在欧洲和美国传播开来，如今世界各地都有荣格派的分析师和学者。

最后的时光：死亡不过是重归无意识的广袤存在

　　晚年的荣格，多数时间住在波林根的塔楼里。这个塔楼在美丽的苏黎世湖畔，没有电，也没有自来水，荣格从井里抽水，自己劈柴做饭，亲自照看壁炉和火炉。

荣格最爱石刻。1955年，妻子艾玛去世了，荣格沉浸在悲伤中不能自拔。儿子为他找来了一块石头，他用中文刻上了几个字："你是我房屋的基石。"寥寥数字，道尽一生的夫妻情缘。在托尼去世的时候，荣格也用中文在石头上刻了字："托尼，莲花，修女，神秘。"

荣格产生过很多濒临死亡的预感，在一个梦里，他看到了沐浴在光芒中的"另一个波林根"，对他来说，死亡也许正是复归于那集体无意识的存在。他刻下最后一块石头，用的仍然是汉字："天人合一。"

1961年6月6日，荣格饮下最后一瓶葡萄酒，安然去世。

终其一生，荣格有着丰富敏锐的内心世界。他孤身一人举着火把，走进无意识的幽暗深处，窥到了灵魂的终极奥秘。集体无意识照亮了人类的自性之路，也让我们卑微的生命拥有了不朽的神话意义。

致敬荣格，为他不倦的探索。

02 荣格——弃位的王储，创建分析心理学

> ## 大师语录

1. 灵魂缺乏另一半就不可能存在。

2. 如果生活中的一些问题和纠结，我从内在给不出答案时，那就表明它们根本就没有多大意义。

3. 父母对孩子最不好的影响，莫过于让孩子觉得他们没有好好过日子。

4. 每个人都有两次生命。第一次是活给别人看，第二次是活给自己的。第二次生命，常常从40岁开始。

5. 母亲是所有未来和所有变化的神秘根源……也是所有开始和所有结束的寂静根基。

6. 就像繁枝般开花，心灵创造着象征。梦是其见证。

7. 性格决定命运。

8. （黑暗面）是完美幻觉的解毒剂。

9. 如果灵魂不在了，没有什么能把人从愚蠢中拯救出来。

10. 对于全能性与集体的野蛮信仰，（人类）除了使用他鲜活心灵的

神秘，没有什么东西可以去反抗。

11．自性代表着这个人的整体目标，是他的整体性与个体性的实现，而且不管他愿意与否。

12．中午一到，太阳就开始往下走了，上午发生的所有价值与理想就会发生翻转。

13．看，这就是我。

14．归根结底，每一个个体的生活就是这个物种的终极生活。

15．我们的意识不是由它自己创造出来的——它是从未知的深处涌现出来的。

16．正如母亲原型与中国的阴相对应一样，父亲原型与阳相对应。它决定着我们与人类的关系、与法律和国家的关系、与理性和精神以及与自然的物力论的关系。

17．每一个男人的内心深处都带有女人的永久意象，并不是这个或者那个女人的意象，而是一个确定的女性意象。这个意象从根本上说是无意识的，是起源于原始的遗传因素。

18．我们可以把补偿理论视为精神行为的一条基本法则。

19．他们寻求地位、婚姻、名誉、外部的成功和金钱，但即使已经获得了他们所寻求的东西，他们仍然感到不快乐。这种人通常被局限在过分狭窄的精神世界里。他们的生活没有足够的满意度和足够的意义。如果他们能够发展出更宽广的人格，神经症通常就会消失。

20．灵魂是人身上有生命力的东西，它有自己的生命并且产生生命。

03 阿德勒
——从仰慕者到反对者,创建个体心理学

阿德勒是个朴实无华的人,他不像弗洛伊德那般深刻锐利,也不像荣格那般让人遐思神往,可是他温和、乐观,牢牢扎根在现世生活里,一步步搭建起自己的学说体系,鼓励了无数人在自卑中实现超越。他更是孩子们的挚友,对儿童教育产生了深远的影响。

03 阿德勒——从仰慕者到反对者，创建个体心理学

每个人心里，都住着一个自卑的小孩
——自卑和补偿

自卑感是阿德勒研究的起点，也是个体心理学的核心概念。

什么是自卑感？一个坐在轮椅上的孩子，看到在绿茵场上奔跑的同学会萌生自卑感；一个衣衫褴褛的流浪汉，看到衣冠楚楚的绅士名流会萌生自卑感；一个口吃的人听到人们在快乐地讲笑话会萌生自卑感……

为何每个人都会自卑呢？

自卑是很苦的，它一旦出现，就如同毒液一样立刻注满我们全身，让我们脸红耳赤，瑟缩不前，不敢争取心仪的机会，不敢向心爱的人表白，让我们变得无力又无助，对自己深深失望。

自卑感来自于比较。大家都很差的时候，内心反而比较平和。有了高下，就有了自卑感。他比我聪明，她比我漂亮，他比我有钱，她比我有

趣……我很差劲的感觉就此油然而生。更让人难过的是，比较是没有止境的。有个姑娘终于熬成白富美后，花3万5买了一条裙子，洗一次就褪色了。姑娘生气地质问品牌店，对方彬彬有礼地回复：我们的顾客买衣服都只穿一次，所以我们没想过洗的问题。姑娘立刻自卑了，原来我这么穷！所以阿德勒说，每个人都有不同程度的自卑感。

自卑感还来自幼年经验。人生之旅，始于自卑。那段躺在婴儿床上的日子，多么灰暗啊！想喝奶，想玩玩具，自己通通搞不定，只能依靠大人。大人看上去似乎无所不能，让我们反复体验自卑和无能。长大后，我们的意识忘记了这些，但潜意识没有。自卑感仍然深埋心底，时不时就会冒出来，让我们秒回无助的婴儿时刻。

苦涩的自卑情结

自卑感产生的时候，我们最自然的反应就是退缩，像鸵鸟一样把自己的头埋起来。我离得你们远远的好吗？龅牙的我，不想再和那个有一口雪白整齐牙齿的小伙伴玩。肥胖的我，发现那个身材曼妙的姑娘是个坏蛋。成绩差的我，最喜欢的是关门打游戏。

还有一种反应也很自然，是愤怒。我恨你们，我恨这个不公平的世界。小时候，你爸爸带你出国旅行，我爸爸让我上山砍柴。长大后，你住在窗明几净的房子里，和漂亮的妻子享用牛排红酒。我挤在气味难闻的群租房里，含泪看着女友用洗衣粉洗头。为什么世道这么不公平？我可能会哭泣，可能会愤世嫉俗，也可能会暴戾。自卑变成我生命中弥漫的底色，我在心底深处承认：我无能为力，永远无能为力了。这就成了自卑情结。

03 阿德勒——从仰慕者到反对者，创建个体心理学

对付自卑的小妙招：补偿

世界真的不公平，自卑情有可原。但阿德勒告诉我们，自卑情结是可以避免的。我们可以通过补偿来应对自卑感。

我们认识到自己的不足，可以用其他的长处去补偿。想想我们的祖先是怎么做的。他们身体不够强壮，老虎狮子一吼叫就发抖。不会飞，不能像鸟儿那样到天空去躲避危险。但他们发明了武器，学会了合作，于是把老虎狮子关进了动物园。他们发明了飞机和火箭，于是到了鸟儿想也不敢想的高空。在这个意义上，阿德勒断言：自卑感是人类文化的基础。具体到个人，也是一样。我不漂亮，但我会读书。我数学不好，但我喜欢历史。我学习不好，但我有好人缘。我赚钱少，但有个幸福的家庭。我很倒霉，但我很坚强。如果我一切都没有，起码我还活着，活着就意味着有无穷无尽的可能性。只要我们愿意正视自己的自卑，并在生活中不断努力，我们就会找到摆脱自卑感的方法。

认识到自己的不足之后，我们还可以用死磕去补偿。《阿甘正传》里，不够聪明的阿甘只会一件事，就是不停地做。跑步就不停地跑，打乒乓球就不停地打，捕虾就不停地捕，结果他做得最好。现实中也一样，李阳英语太烂了，他只好疯狂练习，最后成了英语高手，还因为英语赚得盆满钵满。我们不去评价这个人，只说这种补偿方法是惊人的。很多运动员都说，因为小时候身体病弱，只好努力锻炼，锻炼来锻炼去，最后成了世界冠军。这样的例子比比皆是，这就是补偿。

补偿是好事，但过度补偿就悲催了。拿破仑个子很矮，他有深深的自卑感。他立志成为一个很优秀的人，那句"不想当将军的士兵不是好士兵"绝对是他的肺腑之言。他成功了，横扫法兰西，威震欧洲，成了人民的英雄。但他仍然不满足，入侵俄国，征讨英国，四处树敌。他和约瑟芬离婚，再娶年轻的奥国公主。他渴望得到一切，最后的结局却让人唏嘘。

如罗曼·罗兰所言，"只有一种英雄主义，就是在认清生活真相之后依然热爱生活。"这句话，非常适合我们来理解自卑和补偿——接受自卑感的存在，勇敢地用合适的方式去补偿。

人活着是为了什么——追求优越

优越感和自卑感，是一对心灵的孪生儿。为了摆脱自卑，我们需要优越。在阿德勒看来，人们的一切行为都是由生活目标决定的，而所有人的生活目标，都是追求优越。

但什么是优越？每个人又有不同的理解，因为生活的意义本来就是自己想出来的，大家感受都不一样。中世纪的骑士，一言不合就拔剑出来决斗，把别人杀死或者自己被杀，称为捍卫荣誉。荣誉是他们最大的优越感来源。如今的社会，依靠打架决斗来捍卫荣誉早已过时。

当然，社会越文明、越多元，优越感来源越丰富。有人追求财富，有人追求知识，有人觉得家庭最重要，有人觉得美德是根本。赚到很多钱之后，有的人去做慈善，为非洲小孩提供医疗，有的人做土豪，炫富囤房买皮草。这都是彰显优越感，只不过一个是你好我好大家好，一个是自己乐，把别人踩成泥。理论上，在法律和道德允许的范围内，我们对优越的答卷可以随时重写。

追求优越同样是无止境的。我认识一个贫穷的女孩，她努力工作，又省吃俭用。她常说"如果有一天我去超市买东西，可以不用看价格就好了！"后来她月入过万了，"如果有一天我去商场买东西，也不用看价格就好了！"再后来她年薪几十万了，"如果在北京有套自己的房子就好了。"在追求优越的过程中，她从一个青涩的小丫头，变成了一个靓丽能干的职场精英。

03 阿德勒 ——从仰慕者到反对者，创建个体心理学

追求优越让我们不断进步，但我们仍要注意过犹不及。就像那首打油诗里描绘的：

> 终身奔忙只为饥，才得有食又为衣。
> 置下绫罗身上穿，抬头却嫌房室低。
> 盖了高楼与大厦，床前缺少美貌妻。
> 娇妻美妾都娶下，忽虑门前没马骑。
> 买得高头金鞍马，马前马后少跟随。
> 招了家人数十个，有钱没势被人欺。
> 时来运转作知县，抱怨官小职位低。
> 做过尚书升阁老，朝思暮想要登基。
> 一朝面南做天子，东征西讨打蛮夷。
> 四海万国都降服，想和神仙下象棋。
> 洞宾陪他把棋下，吩咐快做上天梯。
> 上天梯子未做好，阎王发牌鬼来催。
> 若非此人大限到，升到天上还嫌低。
> 玉皇大帝让他做，定嫌天宫不华丽。

很多人在一生中，从来没有体会过"拥有"的感觉，一直在匆匆忙忙地"追逐"，一个目标实现了，马上换下一个，抽打自己比抽打骡马还要严苛。他们不能内心宁静地享受自己的生活，哪怕是一刻。阿德勒说，这样的人陷入了"优越情结"，其实是夸张的自卑感在作祟。因为太自卑了，所以才无限地渴望个人的优越，就像追求一个无底洞。

有一句话说得好，我们娴熟于为生活作准备，却并不擅长生活。是时候钻出自己挖的这个无底洞了，努力追求优越，也要好好享受生活。

一样的生活，不一样的活法
——生活风格

人们为什么能把生活过成不同的样子？

同样是大学毕业，租一间小小的房子。有的年轻人笑着说，"房子是租来的，生活不是。"他们把房间收拾得清清爽爽，买来漂亮又耐用的家具，在窗台下的桌子上放一个玲珑的花瓶，喝着香浓的咖啡看书。有的年轻人则咕哝着说，反正是租的房子。他们的房子乱成一团，衣服袜子满地是，桌子上堆满了零食和泡面……

阿德勒说，这就是生活风格——个体解决生活问题的独特模式，或者说个体追求优越的不同手段。我们假设小芳和小圆是那两个生活风格不同的年轻人，来看看这俩姑娘的模式具体是怎样的。

小芳说，生活不是租的。隐含的意思是，生活是我自己的，我是它的主人。我的生活，或者说我自己应该是什么样的？干净、整洁、美好的。世界上有很多美好的事物，我值得遇到它们。用享受的心态对待每一刻的生活，才是应该的。

小圆说,反正是租的。隐含的意思是,现在的生活不是我的,我不是这段生活的主人。我的生活,或者说我自己应该是什么样的?不知道,现在先凑合着。生存不容易,我只能吃吃喝喝,风花雪月的东西不是我想的。生活就是过一天算一天,重要的事儿明天再说,也许以后有了自己的房子,我自动就成为生活的主人了。

生活风格是个复杂的系统,包含了对自己的理解,对世界的理解,对是非和价值的认识。生活风格深深染指着我们的每一寸生活领地。我们完全可以推测,小芳和小圆,在其他的事情上也会有很大差别。小芳多半是那种重视品位和质感的姑娘,找工作会比较看重兴趣和发展。小圆多半是那种随和、质朴的姑娘,找工作会比较看重薪水和地位。

是宿命还是个人选择?

生活风格,是一种"宿命"。阿德勒认为,生活风格是在儿童四五岁的时候形成的。我们的家庭是什么样的,我们就容易成为什么样。这句话的正确率在细微处和深处更高,比如你进门之后把衣服放在哪儿,你什么时间洗碗,你和家人说话的语气和表情,比如你最深处的心理习惯。出生顺序也很重要,中国民间喜欢说"老大傻,老二奸,家家有个坏老三",老大喜欢默默奉献,老二精明耍滑,老小自私懒惰。阿德勒的研究立足于欧洲传统社会,结论略有不同。他认为,老大有一段"独生子"的美妙时光,但很快他就失去了自己的宝座,这种被剥夺的挫伤,会让他在成年后比较热衷于权力,或者酗酒、犯罪。次子则一出生就面临竞争,长大后会比较争强好胜,干练果断。最小的孩子通常会得到父母的溺爱,常常变得志大才疏,缺乏通过自己努力取得成功的勇气。当然这些也不是绝对的。父母如果应对得当,教会孩子合作,就会让他们健康成长。除了家庭环境，学校环境也很重要，我们都知道良师益友对孩子成长的重要性。

生活风格，更是一种选择。阿德勒提出了"创造性自我"的概念。人是有意识的个体，可以选择自己的生活风格，决定自己的命运。我命由我不由天，环境很重要，但个人的选择更重要。举个例子，两个家境都十分贫寒的乡村少年，奋发图强都考上了大学。父母为他们凑学费愁白了头，但仍觉得自豪极了。遗憾的是，这两个少年进入大学后，发现高手太多了，自己无论怎么努力，都是后几名，而且同学们都看不起他们。这时候少年会怎么做呢？第一个少年选择了继续苦学，他说："我知道我在成绩上比不过我的同学，但是我有一种能力，就是持续不断地努力。"别人5年干成的事情，我可以干10年，只要不放弃，总有干成的那一天。人际关系上，他用憨笑和友好面对同学的冷漠和不屑，默默地在宿舍里打了4年开水。第二个少年选择了退缩，他把自己封闭起来，不和别人打交道，每天沉溺在电脑游戏里。快毕业的时候，因为一些争执，他杀了4个室友。第一个少年叫俞敏洪，他后来创办了新东方，功成名就。第二个少年叫马加爵，他因杀人被判处死刑。很多人同情马加爵，但在同样的处境下，每个人都可以选择，每一个人心里都有一个创造性自我。你可以决定，是用乐观迎接未来的无数可能，还是投降并放出心中的恶魔。别怨环境，你的生活风格，由你自己来定。

生活风格的不同类型

阿德勒说，生活风格有4种类型：

社会利益型。这种风格的人致力于为社会作贡献。古往今来那些伟大的人，他们的生命不属于自己，而是属于芸芸众生，比如孔子，比如甘地，比如孙中山，比如阿德勒自己。

支配型。这种人喜欢支配和统治别人，极端的例子比如希特勒。

依赖型。这种人希望从别人那里获得一切。啃老族都是依赖型。自己不飞，下个蛋孵出来逼着下一代飞的，也是依赖型。

逃避型。这种人采用回避矛盾的方法获得人生的胜利，常以碌碌无为的方式避免失败。他们的口头禅是：我不是不行，是不想！

亲爱的读者，你是哪一种呢？

赠人玫瑰，手有余香——社会兴趣

好的人生，是同时拥有成功和幸福。

成功比较容易衡量，但什么是幸福呢？歌德在他的巨著《浮士德》里，让主人公在知识、爱情、名利、艺术中苦苦追寻，但始终找不到他想要的。最后浮士德致力于帮整个人类打造乐园。这时，幸福终于出现了，他情不自禁地喊出："你真美呀，请停留一下！"

阿德勒的观点，和歌德一样。他认为幸福最核心的因子是"社会兴趣"——愿意给予和合作的能力。

人的一生，要面临三大课题：职业、交际、两性。这个很容易理解，我们需要一份工作来谋生，我们无法独自生活，我们本能地渴望爱情。只要兜里有钱，身边有几个好朋友，枕边有知心爱侣，我们就会感受到幸福。幸福看似简单，其实并不容易，不然人们也不会说"人生得一知己足矣"，或者"万两黄金容易得，知心一个也难求"了。

阿德勒给出的办法是社会兴趣，为了让自己幸福，我们要努力让他人幸福。

职业上，怀有使命感，才能带来真正的工作愉悦和事业卓越。有一个小故事：肯尼迪总统访问美国宇航局太空中心时，看到了一个拿着扫帚的看门人。于是他走过去问这人在干什么。看门人回答说："总统先生，我正在帮助把人送往月球。"当我们把自己普通的工作和伟大的目标结合起来的时候，往往更幸福，也更容易坚持，从而更容易走向卓越。一个创业者一心想挣快钱的时候，容易被各种困难打倒，也容易目光短浅，但如果他一心想的是做出业内第一的产品，给用户最好的体验，往往容易缔造一个伟大的企业帝国，就像乔布斯的苹果，或者扎克伯格的Facebook。同理，那些立志成为社会有用之才的孩子，大概不会因为一次模拟考试没有考好就跳楼，因为他对知识的热望里饱含着社会兴趣。而那些缺乏社会兴趣、只关心自己表现的孩子，却往往容易被考试失败击倒。

人际交往中，爱人者，人恒爱之。如果一个人关心他人，对他人有持久的兴趣，那么人群和同类就是他的基石，他的性格会很阳光，会觉得世界安全又美好。相反，如果一个人内心只装着自己，人群和同类就是他的地狱。因为无法爱和信任别人，他就会常常觉得生活是痛苦和危险的，很难融入人群中，甚至形成自闭和精神障碍。

在爱情和婚姻中，是情好日密，还是相敬如宾，取决于夫妻两人的合作。如果我们都关心对方胜过关心自己，婚姻就会幸福。如果各怀私心，必然会争吵不休。婚姻的意义还在于对下一代的培养。一个人对待异性的方式，和他们的人生态度是一致的，包括是否具有合作精神，是否以自我为中心，他们将给子女的生活风格以示范，也会影响孩子将来的婚姻是否幸福。

如何才能拥有社会兴趣呢？

孩子最早在和妈妈的接触中萌发社会兴趣的小芽。妈妈对孩子冷漠、不耐烦，孩子就没有机会拥有这个小芽。妈妈如果深爱孩子，细心照顾孩子，孩子就会信任妈妈，和妈妈合作。孩子逐渐长大，妈妈不但自己和孩子合作，还慢慢教会孩子和别人合作，小芽就会长成小树苗。而父亲在孩子心中，常常是一个偶像。父亲要处理好自己的职业、爱情和友谊，既要给孩子做出良好的示范，又要带领孩子去接触更广阔的社会，让小树苗长成参天大树。

孩子进入学校后，老师和同学也会在社会兴趣上给他影响。长大后，朋友、伴侣、同事，我们生命中遇到的每一个人，都是我们的贵人，都会向我们提供互利机会，帮我们丰富社会情感。

在今天这个时代，我们面临一个高度参与和合作的社会，愿意合作，可以分享所有人的进步；不愿意合作，这个世界的美好就无法为我们所用。然而，我们在教育上却过分强调竞争，唯恐孩子不能脱颖而出，唯恐孩子吃亏，努力培养利己主义，而不重视培养合作奉献精神。这不见得对孩子好，也不一定能如愿以偿地培养出优秀的孩子。因为世间最卓越的人，如阿德勒所言，往往是那些无私忘我、考虑他人甚至整个人类利益的人。个体心理学的深层哲学基础是广泛的乐观和至善，如果你没有宗教信仰，又向往简单宁静的心灵乐土，可以把个体心理学作为一个选项。

▍大师小传

阿德勒的档案

姓名：阿尔弗雷德·阿德勒

性别：男

民族：犹太

国籍：奥地利

学校：维也纳大学医学院

职业：医生 / 社会活动家 / 个体心理学创始人 / 畅销书作家

生卒：1870—1937

社会关系：父亲利奥波德，犹太谷物商人

母亲鲍琳，犹太商人的女儿

妻子蕾莎，俄国犹太人，社会主义活动家

座右铭：人生是至善的

最喜欢做的事：工作

03 阿德勒 ——从仰慕者到反对者，创建个体心理学

最崇拜的人：？

口头禅：自卑，人人都自卑

早年生涯：从被自卑淹没的小孩，长成一个平凡的青年

1870年，在维也纳郊外的一栋公寓里，一对犹太夫妇迎来了他们的第二个儿子，取名为阿尔弗雷德·阿德勒。

父亲利奥波德已经35岁了，是个温和、幽默、天性乐观的人。他做谷物生意已经很多年，因为妻子精明能干，一家人的物质生活还是比较舒适的。

母亲鲍琳此时25岁，她之前是谷物商的女儿，现在是谷物商的妻子，帮着丈夫料理生意，似乎一生都需要和燕麦、小麦打交道。繁重的生活夺走了她的快乐，她总是显得郁郁寡欢。

作为次子，小阿德勒一睁眼，就看到了爸爸、妈妈，还有长他两岁的哥哥西格蒙德——没错，阿德勒的哥哥和弗洛伊德同名。更让人难过的是，哥哥英俊、聪明、健康，是妈妈的宠儿。和哥哥一比，小阿德勒就是个丑小鸭。他长得一点也不好看，还有佝偻病，不会走路又坐不稳，常常被用绷带绑着坐在椅子上，看健康的哥哥上蹿下跳来去自如，心里是满满的羡慕和自卑。更让人难过的是，这个哥哥还非常正直善良、慷慨无私，家庭经济陷入困境的时候，他退学做生意，赚钱养家，把读书的机会让给了阿德勒。哥哥最后成了成功富有的商人，一直深爱弟弟阿德勒，以他的成就为荣。后来阿德勒曾这样评价哥哥："一个善良又勤奋的家伙，他超过我——一直超过我。"一出生就遇到这种人，怎能不自卑啊！

阿德勒3岁的时候，弟弟鲁道夫出生，但这个孩子半岁多一点就死于白喉。当时小阿德勒就睡在弟弟旁边，可想而知这件事对他精神上的伤害有

多大。4岁的时候，阿德勒终于可以走路了。父母尽量满足他户外玩耍的愿望，幸运的是他们住在维也纳的郊外，房子后面是开阔的田野。阿德勒和周围的小孩子一起疯玩疯跑，新鲜的空气、明媚的阳光、尽情的嬉戏让他强壮了起来，并且养成了合群的性格。5岁的时候，阿德勒得了肺炎，又差点死掉，幸好有医生及时救治，才把他从死亡边缘拉了回来。在阿德勒的童年里，仿佛始终有医生在他家晃悠，他们是小阿德勒心中的英雄，他渴望着长大后也当医生。

阿德勒有4个弟弟妹妹，比他小7岁的弟弟非常聪明，对身为二哥的阿德勒并不服气。多年后阿德勒名满天下，弟弟对他仍然有着猜疑和不满。对小阿德勒来说，上有完美模范的哥哥，下有聪明敏锐的弟弟，可谓压力重重。这种三人关系多年后将再次重演——"平凡"的他，在天才"哥哥"弗洛伊德和天才"弟弟"荣格之间，艰难地寻找着自己的出路。

阿德勒9岁的时候，进入文科中学读书。巧的是，14年前弗洛伊德进的也是这所学校。但和自带天才光环的弗洛伊德同学相比，阿德勒同学平平无奇，第一年就不及格留级了。数学尤其差，老师告诉他父亲，这孩子数学这么烂，不要痴心妄想念书了，还是去当个鞋匠吧。

阿德勒的父亲拒绝了老师，还给小阿德勒打气。老师的刺激和父亲的鼓励，成了双重动力。阿德勒加倍努力学习，后来有一次他解出了一道奇难的数学题。老师张大了嘴巴，不敢相信。而阿德勒心里则埋下了一个深深的信念：从来就没有什么天才，也不靠基因和幸运，创造成就全靠我们自己！中学时代，父母总是搬家，阿德勒也在各种转学中完成了中学学业。由于学校的档案室在"二战"中焚毁了，所以我们看不到阿德勒在中学时代的更多表现了。

1888年，阿德勒进入维也纳大学医学院。9年的青春时光里，他仍然是扔到人堆里也找不出来的那个，不是高富帅，不是运动健儿，学习成绩也一般。更多的时候，他热衷于参加各种社会主义运动的集会，虽然他在其中并不是风云人物，也不惹人注意。1897年他完成学业，拿到了博士学位，当了一个眼科医生。同一年，他邂逅了俄罗斯姑娘蕾莎，爱情像火一样在他心中燃烧，他热烈地追求这个姑娘，终于赢得了她的芳心。12月，他们在俄罗斯结婚。

"东边我的美人呀，西边黄河流"，而立之际的阿德勒过得还不错，和新婚妻子琴瑟和谐，生了大女儿，拥有了自己的诊所，开始在维也纳站住了脚跟。

追随弗洛伊德：和另一个西格蒙德较劲，其乐无穷

阿德勒最早的兴趣是社会医学。学生时代他就对社会主义怀有热望，而蕾莎比他还热衷政治活动，两个人算是革命伴侣。阿德勒的第一本书关注裁缝工人的特殊疾病，呼吁社会正视他们恶劣的工作环境。

1902年，弗洛伊德的星期三精神分析协会成立，他写信邀请阿德勒参加。世人都认为阿德勒是弗洛伊德的弟子，但阿德勒一直坚定地认为自己只是弗老师的年轻同事，这封信作为证据，他保留了一辈子。多年后，有一次他在美国和年轻的心理学家马斯洛一起吃饭，对方无意中说他是弗老师的弟子，阿德勒大怒，脸色从艳阳高照秒变乌云密布，把马斯洛吓呆了。西格蒙德这个名字，简直就是阿德勒的心结啊！

1902年到1911年，又是一个9年。

这9年，阿德勒在精神分析的圈子里很活跃。最初的星期三协会，除了弗洛伊德只有4个人，都是维也纳的年轻医生，他们的交流和谐又兴奋，不断点燃思维的火花。最初几年，阿德勒很受弗洛伊德器重，被任命为维也纳学会的会长。他发表的《劣等体质的研究》弗老师也很重视，认为是精神分析理论在生理学上的补述。但弗老师的密友、神秘美丽的莎乐美同学

早就敏锐地察觉出了阿德勒和弗老师的分歧,阿德勒关注的是器官缺陷,弗老师关心的是性;阿德勒喜欢意识,而弗老师钟爱潜意识,两个人的思想并不搭。

这9年,阿德勒从未放下对社会医学的热爱,他研究乡村卫生,研究社会福利,关注儿童的成长和心理发展,出版了《医生作为教育者》一书,强调孩子成长和进步的最大支持就是父母的鼓励和自己的自信。这个信念来自阿德勒自己的经验,作为家里最容易被忽视的次子,妈妈在他生命前两年对他还算宠爱,有了弟弟后就开始忽视他,幸好爸爸给了他很多鼓励,让他从病弱的小孩长成了一个有坚实内心的人。

这9年,阿德勒自己的生活也有了很大改变。他拥有了3女1子,转行当了神经科医生,搬到了地段更好的内城区居住。和蕾莎的关系则是爱和竞争并存。阿德勒希望蕾莎做个美丽时尚的医生夫人,但蕾莎显然更热衷于政治活动,常常埋怨家务和孩子把自己给捆住了。

1911年,阿德勒和弗老师的思想分歧公开化了。阿德勒的新论文讨论"精神分析学的困境"和"男性钦羡",被认为是公然背叛了弗老师的"俄狄浦斯情结"。想想阿德勒同学的成长过程,和老妈关系一般般,却被老爸偏宠和保护,所以,他怎么会认同"俄狄浦斯情结"?对阿德勒来说,竞争和危险从不是来自父亲,而是来自于兄弟姐妹。

和暴烈的弗老师斗争的结果是,阿德勒等7个小伙伴离开了精神分析学会。对后来的荣格来说,和弗老师决裂是内心的撕裂,但对此刻的阿德勒来说,和弗老师决裂是思想的竞争。我绝不要自己的理论被误解、被无视、被湮没,而为你的理论做嫁衣。弗洛伊德对他口诛笔伐:"我的敌人已被野心所驱使,他已得了偏执妄想症。"弗洛伊德坚持认为,在观点的背后是人格。这不无道理,弗洛伊德雄心勃勃,要把自己树为权威,而阿德勒争强好胜,喜欢挑战权威。这俩人早晚是要崩的。

离开弗洛伊德后,阿德勒将迎来他生命中真正辉煌的时光。

03 阿德勒——从仰慕者到反对者，创建个体心理学

个体心理学时代：振奋的乐观和不屈不挠的努力

阿德勒和他的追随者去了咖啡馆。

对维也纳人来说，咖啡馆是个美妙的存在。维也纳有三宝：音乐、华尔兹、咖啡煲。维也纳几乎"五步一咖啡馆"，人们喜欢喝着香浓的咖啡聊着天，再搭配一块甜点，伴着悠扬的音乐，味蕾和精神都得到了满足。很多咖啡馆有自己固定的顾客，比如艺术家、作家、政治家或各界名流。

阿德勒和小伙伴选了喜乐咖啡馆，在这里另扯一杆旗：自由精神分析协会，后来改名为个体心理学协会。他们常在咖啡馆开会，大家谈笑风生，气氛温暖又活跃，阿德勒对所有人都予以鼓励和赞许。有时候还邀请病患参加，大家谈完后顺便去打打台球，散着步说笑着一起回家，个体心理学家的学术生活真是一点也不枯燥。有人因此更倾慕阿德勒，但也有人借此攻击这个协会不严肃、不严谨。

这个阶段，阿德勒继续治疗病患，他的病人来自三教九流，商人、厨师、服务员、杂技演员……来者不拒。很多人生活在最底层，但他们精湛的工作技艺、饱满的生活热情，让阿德勒深深感动，并给了他很多启迪。

1912年，阿德勒写出了《神经症的性格》，在这本书里，他吸收了德国哲学家法兴格的思想，也充分表达了自己的行医感受。生活中最重要的不是现实本身，而是赋予现实的意义。穷人可以很幸福，富人也可以很痛苦，重点在于我们的生活目标是什么，比如成为大富翁、娶个好妻子或者读博士，它们指引着我们走向理想的生活。生活目标本身是虚构的，但追寻目标的过程是真实和有意义的。

1915年，阿德勒成为维也纳大学的讲师。

1916年，阿德勒以军医身份被征召入伍，在"一战"的炮火中目睹了更多的伤痛，对人性有了更深刻的发现。很多年以后，阿德勒仍然记得，无数个不眠的夜里，他为这些垂死挣扎的生命痛苦着。而新思想也在他大

脑中萦回，让一个人在痛苦中撑下去的力量，是个人意志，更是同情、利他、无私和忘我。阿德勒后来将其称为社会兴趣。在阿德勒的思维模式里，始终怀有一种振奋的乐观。

1919年，阿德勒完成了《个体心理学的实践和理论》，强调个体应在正确理解生活意义的基础上，学会合作之道，培养健康的社会兴趣，从而不断超越自我，并对社会有所贡献。

阿德勒花费了大量的精力在儿童教育上。说到对待孩子，世界上有两种人，一种是：老子当年遭过的罪，你凭啥不能遭？另一种是：我吃过苦，不希望你也这样苦。阿德勒显然是后一种人，病弱的童年、母亲的冷落、老师的忽视让他深深感到：对孩子的成长来说，成人的爱和鼓励有多么重要！成人有义务帮助孩子成长为完整、独立的个体。阿德勒和他的追随者开了30多个儿童指导诊所，帮助"问题儿童"解决学习和生活上的困难，把个体心理学的理念教给老师和家长。

阿德勒说，个体心理学的教育艺术在于完全理解孩子，避免权威性，当孩子显示出了积极的适应性、乐观、勇气、自信和社会兴趣，学会了合作和奉献时，父母才真正完成了任务。而老师不应该放弃任何一个孩子。今天很流行的"正面管教"，其理论基础就是阿德勒提出的。

在自己的家庭生活里，阿德勒也身体力行。他虽然工作很忙，但绝不是"缺席的爸爸"，他会陪孩子们玩耍和聊天。小女儿如果有事找爸爸，会跑到阿德勒办公室砰砰敲门，而慈爱的父亲会放下工作，关切地抱起女儿。晚餐时，孩子们可以和父亲或者客人们尽情交谈。沐浴在轻松、愉快的家庭氛围里，又可以自由吸收和表达，阿德勒的4个孩子长大后都非常优秀，长女是社会学博士，次女和儿子后来也是博士、心理学家，小女儿是艺术家。女儿做不出作业，阿德勒会细心宽慰："再试试，你能做好的，相信自己。"儿子小时候，有一次被老师说学习差、脑子笨。阿德勒摸摸儿子脑袋，愤怒地说："你的老师就是个白痴！"那些不过被老师轻蔑地看了一眼就动手打孩子的父母，是不是应该学一下阿德勒？

世上无难事，只怕有心人。阿德勒自己是这样做的，也是这样教孩子们的，他是孩子们真正的挚友。

一个有趣的小故事也说明了这一点。有一天晚上，阿德勒要在柏林做一场儿童心理学的演讲。一个维也纳的医生十分仰慕阿德勒，于是坐上了去柏林的火车。倒霉的是，在火车上他紧挨着一个5岁的小男孩。小家伙尽显熊孩子本色，跳上跳下，各种吵闹，他的妈妈一开始还耐着性子说话，要求孩子安静点，但熊孩子毫不理会。软的不行来硬的，妈妈冷面呵斥，最后一个巴掌扇了过去，熊孩子放声大哭，哭声回荡在几个车厢里，妈妈束手无策。这时一个矮胖的中年男子来了，他微笑着和熊孩子说话，还像变魔术一样，从兜里掏出一个木马玩具！小男孩被他和善的面孔和有趣的玩具吸引了，哭声停止了，代之以清脆的、可爱的笑声，简直是小恶魔秒变小天使的节奏啊！不过真正的天使应该是这位矮胖男子，他拯救了全车厢人的耳朵。医生终于可以休息了，一会儿还要听偶像的讲座呢！然而，等他打起精神来到大厅，却惊讶地发现，演讲的人正是他在火车上遇到的矮胖天使！

这就是阿德勒！他的爱与善，不仅是聚光灯下的一场场演讲，更是生活中默默的一言一行。据说阿德勒小的时候，父亲曾经告诫他："绝对不要相信别人告诉你的"，这句话的后半句是"要看他怎么做"。在生活中身体力行，这是阿德勒和个体心理学的精神底色。

美国：美丽新世界欢迎你

1926年，在欧洲已经声名赫赫的阿德勒，第一次来到美国。这时他已经56岁了。

美国人特别喜欢阿德勒。美国是个很乐观的国家，讲究英雄不问出身，凭借自己的奋斗实现梦想，赚来个人的美好生活。阿德勒是个很乐观的人，主张每个人都有翻身的机会，都能在自卑中实现超越，并惠及社会。双方有着相似的理念，于是一拍即合。

阿德勒四处讲演，足迹遍布美国大小城市，他反复强调，自卑是理解人性的中心，自卑激发出追求力量的无限渴望，然后每个人会展现出不同的生活风格，比如有人勇敢面对，有人逃避，有人利他，有人犯罪。老师和妈妈对孩子形成生活风格至关重要。这些观点受到了美国人发自内心的欢迎、尊重和追捧。

阿德勒杰作迭出，一口气写了《理解人性》《生活的科学》《自卑与超越》等佳作，这些书备受纽约时报好评，他们还赞美阿德勒是"西方世界的孔子"。个体心理学在美国发展得实在太风生水起了，阿德勒最后决定定居美国。在美国也建立了很多儿童教育指导中心。

遗憾的是，他的妻子蕾莎不愿意来美国。蕾莎是个坚定的社会主义者，是托洛茨基的好朋友，她尊重丈夫的事业和成就，但她始终坚持，经济基础决定了心理文化等一切，理想的社会得先从改造经济基础做起。她不想到特别资本主义的美国去生活。

夫妻分居两地，阿德勒只好在美国和维也纳之间奔波，很辛苦，但也不乏幸福和惬意。每个假期，他都回到维也纳，他们在郊外买了一个漂亮的庄园，夏天会邀请老朋友们来消暑。绿树浓荫，花香满园，阿德勒牵着牧羊犬悠闲地修剪玫瑰，真是如诗如画的田园生活。座中客常满，杯中酒不干。客人们尽情享用美食，阿德勒会一边弹琴一边引吭高歌，还邀请朋友们一起唱。这是一个充满欢声笑语的地方，这是一个充满快乐幸福的人生。

1936年，蕾莎终于决定来美国和阿德勒团圆。他老了，病了。她老了，累了。他们的婚姻算不上完美，有数不清的争吵和竞争，但他们携手

03 阿德勒 ——从仰慕者到反对者，创建个体心理学

一生，彼此忠贞，生死不渝。

1937年，阿德勒仍然很繁忙，日程排得满满的，一个月需要去4个国家开56场讲座。5月28日早晨，阿德勒在苏格兰的阿伯丁大街散步，心脏病突发去世。葬礼在阿伯丁和爱丁堡举行，各界精英都来了，哀荣备至。欧美各大媒体都对他的去世表示深切哀悼，《纽约先驱论坛报》写得最为感人：

阿德勒，自卑情结之父，拒绝成为精神分析的某个零件。他既有点像科学家弗洛伊德，又和预言家荣格相似。他就是他自己，传播福音的人，他离开了他心爱的个体心理学，离开了敬爱他的民众，也离开了这个深爱他的世界。

阿德勒是个朴实无华的人，不像弗洛伊德那般深刻锐利，也不像荣格那般让人遐思神往，可是他温和、乐观，牢牢扎根在现世生活里，一步步搭建起自己的学说体系，鼓励了无数人在自卑中实现超越。他更是孩子们的挚友，对儿童教育产生了深远的影响。

致敬阿德勒，他的思想一直在我们身边回响。

大师语录

1. 人类的全部文化都是以自卑感为基础的。
2. 生活的不确定性正是我们希望的来源。
3. 人的一举一动都蕴含着他对这个世界和他自己的看法。
4. 愤怒、泪水和辩解都可能是自卑情结的表现。
5. 泪水和抱怨——被称作"水性的力量"——是破坏合作和奴役他人的有效武器。
6. 如果一个儿童没有学会合作之道,那么他必然会走向悲观,并发展出牢固的自卑情结。
7. 了解一个人的生活风格,就像了解一位诗人的作品一样。我们必须在诗的字里行间推敲它的主要意义。
8. 人格的整体无论用什么方式表达,它总是固定不变的。
9. 目标一改变,心理习惯和态度也会随之改变。
10. 每个人都在自己无知的思维中独自探索生活的意义。
11. 那些没做过贡献的祖先会怎么样?他们消失了,人类中没有他们的位置。

12. 儿童第一个合作的人就是母亲。

13. 特质需要通过一些社会关系加以反映。好意味着对别人和善，坏意味着对他人恶劣。对艺术感兴趣需要以社会兴趣为前提，懒惰意味着不做贡献或不与他人合作，而勤奋则意味着合作和贡献。

14. 失败者失败的原因是他们没有找到正确的生活意义——合作。

15. 任何人都能有任何成就。

16. 成长不必背负他人的问题。

17. 决定自己的不是环境等外在因素，而是自己。既然生而为人，就永远都有其他的生存方式。

18. 怨天尤人、得过且过只能让自己的生活愈加苦痛，唯有起身行动、改变，才有可能扭转不好的情势。

19. 我们不能期待别人随时体察我们的情绪，沉默换不来别人的帮助，如果我们需要帮助，就要用语言表达出来。

20. 当我们开始去做自己力所能及的事时，世界或许不会因此而一定发生改变；可如果我们什么都不去做，事情只会朝更加糟糕的方向发展。

21. 人生没有那么难，是你自己让人生变得复杂了。其实，人生单纯到令人难以置信。

22. 我们不是因为一时气昏了头而口出恶言，而是为了操纵、支配对方，想让对方遵从自己的意愿和期望，创造与利用了名为"愤怒"的情感。

23. 性格不是天生的、永恒不变的，而是可以由自己的意志决定的。只要你愿意，性格随时随地可以改变

24. 只要自己做了对的事，感受到了"贡献感"，就不必期待他人的感谢与赞美。

25. 所有烦恼都是人际关系的烦恼。

04 霍妮
——叛逆的弗氏门人，扯起文化派大旗

霍妮是个深刻而坦荡的人，有一种自然天成的魅力。她坚持，从来不存在普遍的人性，而是文化冲突通过焦虑，深深影响了我们的人格结构。霍妮和她的密友弗洛姆互相影响，把精神分析带入了更广阔的社会文化天地。

04 霍妮——叛逆的弗氏门人，扯起文化派大旗

是什么让我们的心灵备受煎熬？
——基本焦虑理论

为什么我的眼里常含泪水？因为我对这土地爱得深沉。霍妮认为，我们生活在自己的文化土壤里，并在内心深处无限依恋着它。那些撕碎我们心灵的冲突，常常是特定的文化带给我们的。

快乐和痛苦都扎根于我们的文化

举个例子，在现代城市文化中，假如一个姑娘，有才华却不求上进，拒绝更多的薪水，经常怼上司，我们会嘀咕她有点心理问题。假如一个男孩，能看到幻象，并坚信是神谕，就更严重了，我们会迅速带他去看精神科。但如果这两人生活在印第安部落文化中，姑娘就再正常不过，男孩则被认为拥有天赋和神灵的祝福，会在部落里享有特权。畅销小说《追风筝的人》里，爸爸在美国的水果店里签支票，别人要看看他的身份证，爸爸

暴怒，把别人的店给砸了。因为对他来说，那意味着极致的侮辱。在他生活的阿富汗，折根树枝就可以当信用卡，划一刀是一个饼，划两刀是两个饼，月底结账，双方都认。爸爸喜欢美国，但他的心灵永远属于阿富汗。所以霍妮说，不了解一个人身处其中的社会文化和个人环境，我们就不能理解他的人格，不能理解他痛苦的根源。

因为我们深深扎根于某种特定文化，所以当一个人偏离了自己文化中正常的行为方式，就会感到深深的痛苦，就成了神经症患者。在这个过程中，最重要的心理动力是焦虑。焦虑是霍妮的核心概念，在她看来，焦虑影响着人格的走向，是神经症产生和维持的源泉。

焦虑：时代神经症

我们今天的时代，焦虑是一种普遍的社会情绪，用霍妮的眼光来看，简直可以命名为"时代神经症"。我们看到上海的小学里，为了竞选家委会，家长们一通火拼晒自己的资历，你是同济校友、外企大管家，我是博士、校会主席、大学老师，更有哈佛毕业的妈妈放话：哼哼哼，这都不算什么，谁敢欺负我娃，娃爸手握35亿能砸停任何一只股票，包括茅台。在这种狮子搏兔式的搏斗背后，我们看到的是深深的焦虑和恐惧：我的孩子没有能力应对他的世界，那是一个危险的、不公平的世界，我必须为他加持。我们看到网络上，一个作家用半认真半调侃的语气写的一篇《如何避免成为油腻的中年猥琐男》竟然掀起了一波又一波的论证，人们把各种观点挂在"油腻"这个词上吊打，捍卫着自己面目模糊的自尊。这里面何尝不是焦虑和恐惧：年华老去，我将被厌弃。物质越来越丰富，可是让我们焦虑的东西越来越多——钱、学区房、美貌、健康、孩子的作业、诗和远方……为了抵御焦虑，有的人啃老，有的人捧保温杯，有的人狂吃保健

04 霍妮——叛逆的弗氏门人，扯起文化派大旗

品。焦虑让人们夜不能寐，让人们泪流满面，让人们痛不欲生。

焦虑之害在今天，如女娲时代的洪水，席卷全球。那么究竟什么是焦虑？焦虑又怎样像乌云遮住太阳一样占据了我们的心灵？

霍妮说，焦虑和恐惧一样，都是对危险境况的情绪反应，但恐惧是因为现实危险，焦虑是因为想象中的危险。恐惧是适当的，焦虑是夸大的。孩子得了重度肺炎，妈妈害怕孩子死去，这叫作恐惧。孩子得了轻微感冒，妈妈害怕孩子死去，这叫作焦虑。也许你会说，哪里有这么夸张的妈妈？但是瞧瞧那些孩子考小学就紧张到崩溃的妈妈，你觉得她在害怕什么？她潜意识里害怕的是孩子整个人生的溃败。

考小学没考好，人生就溃败，这是什么逻辑？明显就是焦虑啊。更糟的是，妈妈会把焦虑合理化：考上好小学，才能有机会考上好初中，然后高中、大学……接下来才能有一个光明的未来。不然呢，清洁工？快递员？所以妈妈拿定主意，我得逼孩子学习，我宁肯孩子有一个不快乐的童年，也不想他有一个卑微的成年。这个妈妈可能还有别的焦虑，比如年龄、工作、夫妻关系等，除了合理化，她还有另外三种选择来逃避焦虑：比如否认，我不需要丈夫的爱情，不需要二人世界，只想当个好妈妈；比如麻醉，感谢上帝，当我痛苦的时候我还可以刷手机；比如避开，我不想去上班，不想去参加同学聚会。

焦虑来自早年对敌意的恐惧

焦虑就是这样一点点抓住我们，侵占了我们所有的心灵。那么焦虑是哪里来的？

霍妮认为，焦虑来自于敌意。从小到大，我们积累起来的、无处发泄的敌意，被投射到外部世界，让我们潜意识里觉得，外界强大又危险，

而我们没有能力抵御。敌意最早来自于父母养育过程中有意或无意的伤害——他们对弟弟妹妹的偏爱，他们时而溺爱我们，时而把我们推开，他们不讲道理的干涉，他们的嘲笑和控制，他们互相欺骗，他们彼此忽视和怨恨……孩子可以容忍挫折，但他们无法理解伤害。如果缺乏真正的温暖和爱，取而代之的只是父母的意志和需要，哪怕这个需要是做优秀的父母，孩子都会敏锐地感觉到伤害。在人性的设置里，对于伤害，我们本能地怀有敌意，但可怜的小孩子无法表达敌意，因为需要、害怕或者深爱着父母，他们必须要压抑敌意，这就造成了最初的焦虑。

幼年焦虑会不会泛化要看孩子的造化。他在以后的人生中，遇到了好的老师，或者遇到了温暖的好朋友，或者他有一个做饭好吃又和善的舅妈，或者仅仅是热情的小伙伴妈妈常收留他，都可能帮助他降低焦虑的程度。如果他非常不幸，从没有遇到善待他的人，他会越来越敏感、孤独，在不安全的世界里绝望。如霍妮所言"对个人环境因素所作出的这种尖锐的个人反应，会凝固、具体化为一种性格态度"，霍妮称之为"基本焦虑"。

一个充满变动的时代，对内心安稳的人来说，是可以尽情遨游的沧海，但对焦虑的人来说，却充满了危险。鉴于很多人，或者说几代人童年里爱的贫乏，我们实在无法谴责自己对世界的这种警惕。何况当代资本主义文化也在推波助澜，其推崇的是通过权力、财富、美貌、智力的占有和优越，来赢得安全感。如果我拥有这些，就没有人能够伤害我，如果我没有这些，就会任人践踏。这个逻辑是如此严密和坚不可摧，所以我们心甘情愿地选择了焦虑，选择了无休止的追逐，选择了主动踏碎生命宝石般的光辉和内涵，再用稻草填满。

什么让我们的心灵备受煎熬？是那无处不在的焦虑，如水火，如猛兽，吸食着我们最鲜活美好的幸福感。怎么办？重建内心最深处的安全感。很难，但值得尝试。还有一点不算太难，作为一个成年人，尤其如果

04 霍妮——叛逆的弗氏门人，扯起文化派大旗

你是父母或老师，你可以尽量对遇到的所有孩子温暖友善一点，不要伤害他们，不要欺骗他们，不要为了面子无情地利用他们，站在他们的立场去爱他们，一代代努力，把安全感留给不远的未来。

直面"真我",活成自己真正想要的样子
——冲突和人格理论

我们的时代,选择变得困难,因为可选的实在太多。小到决定午餐,我们可以选外卖,从火锅到小吃,从比萨到凉皮,应有尽有,我们也可以只吃零食,或者只喝饮料,还可以叫上朋友去餐馆。大到如何教育孩子,有的专家告诉我们应该严格要求孩子,培养他的毅力,另一些专家则主张给孩子一个自由的空间。有人主张买学区房,有人主张带孩子旅行见世面。

无所不在的内心冲突,让我们看不到自己真正想要的

如果我们愿意停下来想想,就会发现很多事情背后的价值观是矛盾的,我们不可能既往东又往西。可我们蒙住了眼糊住了心,任由自己的时间和目标四分五裂,就像很多马拉着同一辆马车往不同方向飞奔。比如

04 霍妮——叛逆的弗氏门人，扯起文化派大旗

一个姑娘结婚生子后，她觉得自己带孩子好，所以拒绝老人帮忙。后来，她觉得女人不能放弃工作，所以很快重返职场。她认为不能依附男人，所以当丈夫去外地工作时宁可两地分居也不肯换工作。她觉得男人要有责任感，所以不愿意和丈夫一起出钱买房。她觉得应该多陪伴孩子，所以常提早下班。她每一个想法都是对的，但合在一起后，她收获了怎样的人生呢？她没有房子、没有资产、没有温暖的家，升职机会渺茫。孩子没有得到好的抚育，见不到父亲，也见不到爷爷奶奶，生活中唯一的妈妈也得眼巴巴地等一天才能看到。

生活中充满了冲突。我们手握选择的荣耀，但我们是自己生活的主人吗？活成了想要的样子吗？如霍妮所言，我们要知道自己真正的愿望，敢于取舍，有能力为自己的决策负责，才能够面对这些冲突。但问题来了，如果我们的内心也充满了冲突，愿望互相矛盾，完全看不到自己真正的愿望该怎么办呢？

霍妮说，真遗憾，这种人太多了。内心有强烈的冲突，完全没有一心一意追求什么的能力。更可怕的是，这一切都是无意识的，自己并不知道。比如一个妈妈表现出来很溺爱自己的孩子，但她忘记了孩子的生日，不知道孩子好朋友的名字。妈妈完全意识不到她内心有冲突：她想当个好妈妈vs她不关注孩子。

为了对付坏人，我们从小发展出的三个"我"

要解释内心冲突，仍然要从童年的伤害和敌意开始。前面讲过，霍妮认为，为了不失去父母，孩子必须压抑他的敌意。当孩子感受到在一个潜在的充满敌意的世界里，自己很孤独的时候，他就会在无意识中形成各种策略，也发展出了持久的性格倾向。

直面"真我",活成自己真正想要的样子——冲突和人格理论

霍妮认为,小孩的策略有三种:一种是亲近人,用屈从和讨好得到爱和温情;一种是对抗人,用奋争和反抗维护自己的利益;一种是回避人,用疏远和距离逃进自己的世界。

我们的心灵里,会同时包含这三种倾向,无助、敌对和逃避,或者说是都有爱、权力和独处的需要。好的情况下,我们会灵活运用这些策略,合理满足这些需要。但如果我们只会一种方法,比如牺牲一切去赢得爱,或者妄图控制生活中所有的人,我们的心灵就失去了自主。当然更惨的就是前面说的那种人,三者在拉锯,把心灵撕碎了,我们还不知道。

霍妮对三种倾向的描述十分精彩。她说屈从型的人对安全感贪得无厌,总爱强调自己与别人趣味相投,而无视与别人不同的地方,常常屈从人意,过分周到,对别人时时赞不绝口,处处感激不尽,随时慷慨大方,但在心底深处,他并不怎么关心他人。他回避别人的不满,总是选择息事宁人,委曲求全,而且毫无怨恨。不管是否认识到自己的过失,他都处处谴责自己。他会慢慢变得压抑,不敢坚持己见,对人不敢批评指责、有所要求,不敢发号施令,不敢突出自己,也不敢有所追求。这样严格的自我限制,不仅使他的生活极度贫乏,更增加了他对人的依赖性。霍妮认为,屈从型人的攻击倾向并没有消失,而是压抑着。表面上他对人非常关切,实际上他对别人缺乏兴趣,更多的是蔑视、利用,凶狠地想要胜过他人。他不敢攻击,因为在他看来,任何攻击或自我肯定就显得自私。然而愤怒积累到一定程度,就可能以不同的猛烈程度爆发出来,他本人却以为这完全是自然。而爱情,对屈从型的人来说,简直是信仰一般的存在。

在霍妮的理论里,攻击型的人好斗,热衷权力,喜欢用各种手段来支配和控制别人,也有以对别人关心备至或使人感恩戴德的方式,达到间接支配的目的。他想超群出众,事事成功,性格倔强坚毅,对工作孜孜不倦,苦心经营,能在事业上大显身手,但他并不爱自己所从事的工作,并不能真正从中得到乐趣。他的价值观建立在弱肉强食的哲学基础上。他把

感情看成多愁善感，爱情也无足轻重。他关心的是配偶能否激起他的欲念，又能否借此提高自己的地位，他根本不认为有必要对他人表示关心。他事事推诿他人，武断地认为自己正确，因为他需要这种主观的自我肯定。他的压抑是在感情领域，感情的自私必然会造成内心激情的缺乏。

孤独型的人喜欢疏远他人，感情也一般较为麻木。他的需要和品质都服务于自己，不喜欢介入别人的生活。他不喜欢社交活动，也不喜欢与人往来，回避竞争、出名、成功，还常常限制自己的吃喝等生活习惯，使自己不至于花太多时间和精力，就能挣够必须支付的费用。他十分怨恨疾病，并认为那是一种屈辱，因为疾病迫使他依赖他人。他对任何稍微类似强迫、影响、义务等的东西都过度敏感，别人如果期待他去做某种事，或以某种方式行动，只会使他心中不快，大为反感。不过当优越感被暂时粉碎的时候，他就开始求助，需要温情和保护了。

不再用理想化的面具装扮自己

霍妮描述的是神经症，但对每个人都深富启迪。我们所有人都同时具有屈从、攻击两种倾向，或者说对爱和权力的渴求天天在我们心里开战。而每一个认真对待生活和自己的人，都有独处的需求。不过，我们渴望的是一种富有意义的孤独，绝不是神经症表现。

了解这些冲突和它们的表现形式，对我们最重要的意义在于，我们不必再自我欺骗。也许很多时候我们并不是友善，只是压抑了攻击，我们并不是坚强，只是压抑了对温情的感受。在纷乱的内心冲突并没有被我们看到和整合的时候，我们常常用"理想化的自我"去打扮自己，就像屈从型以为自己无私善良，就像攻击型以为自己现实成熟，就像孤立型以为自己高洁出尘。我们还用"理想化的自我"去盖住冲突，把它们改头换面成干富人格的不同方面，殊不知冲突是盖不住的。我们越渴望完美，我们的内心越备受煎熬。

因为理想化自我发展到最后，会成为对自己的一种施虐——我应该把大鸭梨让给哥哥，我应该考第一名，我应该听父母的话，我应该为家人准备晚餐，我应该住大房子，我应该有好的婚姻，我应该去国外旅行，我应该……在这些"应该"中，真我变得面目模糊。霍妮把它称为"应该的暴虐"。

我们一天受制于这种暴虐，不愿意面对真我，就一天不能摆脱对安全感的依赖。我们迷惑、动摇、盲目地认同别人的原因很简单，因为我们没有自己，只有想象中的自己，没有真实的自己，这让我们焦虑害怕。

直面真我，在霍妮看来，需要的是持久的分析，或者说对自我心灵持久的关注和坦诚。你可以走进心理咨询室，也可以自己来。自己来怎么来？接下来我们就要介绍霍妮的自我分析理论。

04 霍妮——叛逆的弗氏门人,扯起文化派大旗

两个人的旅程,一个人慢慢走
——自我分析理论

精神分析是干什么用的?

精神分析有两个作用,一个是治疗精神异常,一个是帮助健康人实现人格完善。很多生活中的困扰,都有深刻的人格底色,比如有的人总是不由自主地优柔寡断,有的人选择朋友和爱人时不断犯同样的错误,有的人总是换工作,有的人在教育孩子时总是陷入绝望……所有正常的人,内心深处都有一些未知的小疙瘩,精神分析可以理顺它们。

在精神分析盛行的地方,比如德国,每个公民一出生就得到160个小时的免费分析时间。甚至有粉丝疯狂打call说:促进人格成长的唯一方法就是精神分析。这不是真的。如霍妮所言,对我们的发展最有裨益的,还是生活本身,生活给予我们滋养、磨砺和疗愈,是心灵永恒的根基。如同大树深深扎根于土壤,我们每个人都要深深扎根于自己的生活,再来谈心灵成长。

但精神分析是有必要的。反思是人类最珍贵的能力之一,曾子说"吾

日三省吾身"，法国牧师兰塞姆写"假如时光可以倒流，世界上将有一半的人可以成为伟人"，我们可以对自己的生活进行反思，然后做得更好，这是人类独有的能力，猩猩和老虎们是绝对想不到这么妙的主意的。更奇妙的是我们还可以对自己的思想进行反思，思考着我的思考，幸福着我的幸福，痛苦着我的痛苦，这是多么酷炫的心智能力啊！

当然，理论是一回事，现实是另一回事。善于反思的人并不多，反思的深度也受限，因为心灵中无意识的部分太多了。我们不知道的东西，如何去思考它呢？所以大部分人需要心理咨询师的专业帮助。我们可以把精神分析比喻成两个人到未知的地方旅行，你可以任性地决定去哪里，而分析师会陪伴和保护你。你可以卸下心灵的盔甲，展示自己的软弱，揭开内心的疮疤，走遍每一个黑暗的角落，你并不知道自己去的地方有什么，但是分析师可以凭借他专业的知识和洞见，帮你照亮这个地方，然后你慢慢看，他慢慢辨认，直到你们一起搞清楚一切。如果有危险，他是你的盾牌。如果太冷，他是你的衣服。如果荆棘丛生，他有瑞士军刀。如果你饿，他会生火做饭。在这段旅程中，你可以无情地使用他，尽情地学习他，唯独不需要取悦他或者对抗他（虽然惯性常常使人这样做），因为在这段旅程中，他为你而存在。

自己分析自己成不成？

如果因为各种原因——比如最现实的，没有足够的钱——不能向心理咨询师寻求帮助的时候，你能自己进行这段旅程吗？霍妮的答案是可以。那具体应该怎么做呢？

你先要掌握一些进入潜意识的技能，这是你的工具。你要用这些工具把隐藏在自己人格里的驱动力挖掘出来，才能透过重重迷雾，看清自己的

04 霍妮——叛逆的弗氏门人，扯起文化派大旗

心灵。弗洛伊德、荣格、阿德勒和霍妮本人，都提供了很多相关的知识。如果你接着读这本书，后面还会看到克莱因、温尼克特、胡科特等人提供的更新的办法。霍妮提醒我们注意的，是那些强迫性的、和童年经历相关的素材，它们是最重要的线索。

有了工具后，你要了解自己的任务。这是一场单机版的蜜月旅行，你要一个人做两个人的工作。作为体验者，你要真心实意地表现自己，坦率地、毫无保留地、不带任何评价地进行自由联想。如果你做过心理体验或咨询就会知道，这并不容易。在心灵中走得太深的时候，害怕、羞耻、内疚、阻抗都是常事。跟随无意识，不要放弃，也不要太勉强，实在害怕的部分就先放一放。你还要学会感受情感，这场旅行不能只有理智，必须是情感的过程，只有在情感上感受到、体验到心灵中发生的一切，才能抚平创伤，解开死结，得到生命能量，实现人格成长。而作为分析师，你要用批判性的才智，弄清自己行为背后的真实原因。你要悉心观察一切，生活中和别人的互动、细微的心理情绪、梦、幻想、自由联想，在这些材料中发现线索，凭借推理和直觉了解自己的心理构造。你还要为自己提供解释、保护和支持，就像你的分析师为你做的那样。很难，但并非不可完成。我们古人常说"知人者智，自知者明"，一个人敏锐的自我观察能力是可以用心去磨砺的。

在自我分析过程中，还有几个小贴士。一个是定期，最好有相对固定的时间，不然很容易放弃。一个是记录，你可以先尽情当个体验者，听录音的时候再当分析师。一个是发现自己阻抗的时候，先对阻抗的原因进行联想。最后一个是坚持到底，不管你的主题是"和妈妈的关系"还是"我为什么总是换工作"，确保你真的弄明白了再停止。在自我分析的过程中，一旦你察觉到了自己无法处理的凶险境况，一定要寻求专业心理咨询师的帮助，就像游泳的时候腿抽筋一定要大声呼救一样；就像我们坚信，你可以为自己加冕，但永远不会成为自己的牢笼。

大师小传

霍妮的档案

姓名：卡伦·霍妮

性别：女

国籍：德国

学历：柏林大学医学博士

职业：精神分析师

生卒：1885—1952

社会关系：父亲瓦克尔斯·丹尼尔逊，船长

母亲索妮，父亲的第二任妻子

丈夫奥斯卡·霍妮，怨偶

恋人弗洛姆，思想之光

座右铭：如果我不能漂亮，我将使我聪明

最喜欢的事情：恋爱

04 霍妮——叛逆的弗氏门人，扯起文化派大旗

最崇拜的人：无
口头禅：我们

童年：不漂亮的丑小鸭

1885年9月16日，在德国汉堡的郊区，一个皱巴巴的小女婴来到了人世间，她就是后来的卡伦·霍妮。

父亲瓦克尔斯是挪威人，是一个远洋轮船的船长。此时，两次婚姻已经为他带来了6个孩子。母亲索妮是荷兰人，她比丈夫小19岁，是个美丽、优雅又迷人的女人。在索妮心中，丈夫是个粗鲁无趣的人，她始终对他充满蔑视，尽管他是如此迷恋着她。

遗憾的是，小霍妮没有继承妈妈的美貌。父亲常常皱着眉头说，这女儿又丑又笨。和父亲残酷的直白相比，母亲就婉转多了，所以小霍妮很依恋她。爸爸常常出海，有时候他会带上小霍妮去见识一下海上的风浪，但多数时候他都是独自出门。爸爸不在家，小霍妮和哥哥一点都不想念他，反而十分高兴，因为可以独占妈妈所有的关注了。霍妮后来曾经说过这样的话"母亲是我们最大的愉悦，当父亲不在的时候，我们有说不出来的快乐"。

小霍妮深深爱着妈妈，她甚至把妈妈形容为"这个世界的最爱"。但是敏感的小姑娘越来越明白，妈妈最爱的人，是大她4岁的哥哥。哥哥快乐又活泼，备受妈妈的宠爱。妈妈并不苛待霍妮，她只是不太关注霍妮，她也爱霍妮，但霍妮不在她的心尖上。这个发现让小霍妮黯然神伤。

更让人神伤的是爸爸和妈妈的关系。爸爸是虔诚的天主教徒，希望把上帝的信念灌到每个人的脑子里。他的古板、自私让每个人都不快乐。她们一直认为完美的妈妈却毫不掩饰对爸爸的厌烦，她经常诅咒、蔑视和支

使他，这让霍妮等人感到迷惑。这个家里，似乎没有安全的爱，而是充满了危险和对抗。

9岁的时候，不断被打击的小霍妮暗暗发誓：如果我不能漂亮，我将使我聪明。她发奋学习，把考第一名作为唯一的目标。12岁的时候，她因为治病的经历，对医生印象深刻，立志成为一名医生。爸爸目瞪口呆，反对丑小鸭女儿继续求学。妈妈却坚决支持她的学业，甚至为此不惜和爸爸爆发家庭大战。16岁时，小霍妮如愿以偿升学到高中继续学业，但三年后，吵翻了天的爸爸妈妈离婚了。

青春与爱情：多情又迷茫的魅力女孩

1906年，21岁的霍妮进入弗赖堡大学学习医学，两年后转至哥廷根大学。在弗赖堡，她遇到了生命中重要的男人——奥斯卡。在这位男主角正式出场之前，我们有必要先回顾一下霍妮此前几段青春迷茫的恋情。

霍妮的第一次恋爱发生在她18岁那年的圣诞节。男孩叫恩斯特，可惜这段甜蜜的恋情只维持了短短的一个假期，他便不告而别，从此去如春梦了无痕。霍妮独自品尝了几个月的失恋之苦，最后决定忘记他。

霍妮的第二次恋爱发生在她19岁的春天。男孩叫罗尔夫，是另一个城市音乐学院的学生，犹太人，瘦弱俊美。霍妮常常向他倾吐苦恼，他也向她寻求安慰，他们就像两个拥抱着取暖的孩子。罗尔夫柔弱的外表下，有着坚韧的信念和深刻的思想。他一面欣赏霍妮，把她叫作"大思考者"，一面鼓励她打破传统，追求问题的"真相"，这对霍妮产生了深刻的影响。这份爱情让霍妮得到了滋养和自信。

然而，对霍妮来说，灵魂的契合，无法完全取代身体的吸引。她承诺对罗尔夫忠诚，但她最终向欲望屈服了。和罗尔夫分隔两地，她不断寻找

04 霍妮——叛逆的弗氏门人，扯起文化派大旗

强壮的男人满足自己。她辩解说，像她和罗尔夫之间"那样完美的友谊并不意味着两个人不可以爱上第三者，因为所有低级的本能和身体的感官同样希望得到满足。"

20岁的那年夏天，另外一个叫恩斯特的家伙出现了，他对霍妮的吸引先是身体上的，接着带来了情感上的爱情体验。霍妮向罗尔夫坦白了，希望同时拥有这两个男人，但罗尔夫断然拒绝了。霍妮和恩斯特在一年多的时间里分分合合四五次，他的严谨、浪漫、强壮都让她着迷，但是他的矛盾、自大又让她厌烦，最终他们还是分手了。

1906年7月，在一次晚会上，霍妮邂逅了奥斯卡以及他的朋友洛什。洛什高大强壮，她贪慕他的肉体，和他同居了。奥斯卡温文博学，她恋慕他的精神，把心交给了他。奥斯卡此时是有妇之夫，但霍妮最终决定和他共结连理。于是奥斯卡火速离婚娶了霍妮。

1909年，24岁的霍妮与她深深崇拜的奥斯卡·霍妮结为夫妻，新婚的生活甜蜜而幸福。严格意义上说，我们前面的叙述中把卡伦·霍妮叫作霍妮是很搞笑的，因为这是她丈夫奥斯卡的姓。但鉴于她从24岁到余生一直使用这个姓，所有重要著作都以此署名，就让我们权且保留吧。婚姻并没有拯救霍妮，她对完美爱情的想象很快又幻灭了。奥斯卡是卓越的灵魂伴侣，但是他的温文尔雅无法满足霍妮对强硬、粗鲁男人的渴望。虽然和奥斯卡育有三个女儿，但霍妮在婚后不久就开始频繁出轨，自嘲"浪荡成性"。

霍妮自己也十分痛苦。如同她后来在自己书里描述的"女性愿望的矛盾性：性伴侣应该很强壮，而同时又该无依无靠，这样他就能主宰我们，同时又被我们主宰；既有控制欲，又性感；他既强奸我们，又十分温柔；既把时间完全用在我们身上，又能积极投入创造性工作"。这样的人，在现实中从不存在，但在坊间流行的"霸道总裁"小说里却比比皆是。可见霍妮对女性心态刻画之深刻。

婚后不久，饱受抑郁和性问题困扰的霍妮，开始接受亚伯拉罕的精神分析，从此步入了新的人生殿堂。

结缘精神分析：叛逆女王的风采

1913年，28岁的霍妮拿到了柏林大学医学博士学位，随后接受了4年的精神分析训练，1919年作为一名精神分析医生私人开业。

霍妮的分析师亚伯拉罕，是弗洛伊德忠诚的嫡传弟子，没想到这位忠厚老实的先生却收了个满身反骨的弟子霍妮。执业不到7年，霍妮就开始炮轰祖师爷弗洛伊德。她最早研究的是女性心理学，狂发论文批评弗洛伊德对女性心理的描述纯属个人偏见，是男权统治社会的产物。这种行为在弗洛伊德阵营的人看来，无异于欺师灭祖，当然一下子引起了众怒。

屋漏又逢雨，行船偏遇风。顶着众怒走到中年后，霍妮事业不顺，生活更惨。丈夫奥斯卡得了脑膜炎，还接连经历了失业、破产；弟弟得了肺炎去世；自己抑郁症复发。人生如此灰暗，此处何以留恋？霍妮决定换个环境，于是离婚去了美国。

1932年，47岁的霍妮初抵美国，担任芝加哥精神分析研究所副所长。在异乡慰藉她的仍然是一段又一段的露水情缘。她的情人多是身体健壮的年轻男孩、学生、来参加考试的考生或是监考官……无人能说清，这个相貌平平、年近半百的女人，为什么能像女王一样把小鲜肉们迷得晕头转向。著名哲学家罗洛·梅评价霍妮说："她从未刻意卖弄风情，但魅力就散发出来。"

一众年轻情人中，最独特的那个是埃里希·弗洛姆。1934年，霍妮和弗洛姆在纽约定居，那时她49岁，他34岁。弗洛姆是德国犹太人，在海德堡大学获得哲学博士学位，后来又在柏林接受了5年的精神分析训练，算是

04 霍妮——叛逆的弗氏门人，扯起文化派大旗

霍妮的同门学弟。

所谓金风玉露一相逢，便胜却人间无数，和弗洛姆的相知相恋，是霍妮最精彩的人生篇章之一。他是她的爱情之露、思想之光。他鼓励她将研究从女性心理学转移到神经症，也启发她从社会文化的角度解读人格。霍妮1937年写出了《我们时代的神经症》，1939年出版了《精神分析的新方向》，形成了"基本焦虑"理论，奠定了自己"新弗洛伊德主义"领军人物的地位。霍妮的经历告诉我们，人生从来都有无限的可能。你永远都有机会追求事业和智慧，拥有美好和幸福。

1941年，因为对"正统"弗洛伊德思想偏离，霍妮被逐出了纽约精神分析研究所。她毫不妥协，立刻拉起了自己的队伍——"精神分析改进会"。弗洛姆和她共进退。两人相恋近10年，没有结婚也没有孩子，不过他们有一个共同钟爱的学生：未来的人本主义大师马斯洛。

表面美好如童话的爱情故事，在1943年前后落幕，结局并不美好。真实的黑童话是，她一直出轨，他也是。一边深情款款，互相成就生命中最好的自己，一边互杀互虐，不断挑战对方底线，甚至以折磨对方精神为乐。霍姐姐的一生，把流行小说的套路演了个遍，从霸道总裁到虐恋情深，从萝莉到女王。最后俩人终于崩了。

分手前后，霍姐姐痛苦地反思，写了《自我分析》。此后，她的情史不再那么绚烂。她继续沿着社会文化和神经症的思路探索，1945年出版《我们的内心冲突》，1950年出版《神经症与人的成长》，提出了内心冲突的三种倾向，创造了"理想化自我"等重要概念。如果你认真去读霍妮的书，就会发现在这个肆意、绚烂、纵情的太妹身体里，有一个清澈单纯的灵魂。让人们迷恋到移不开眼睛的，就是这个灵魂。

分手后，弗洛姆继续前行，他从更宏观的角度阐释历史、社会、文化和精神分析。在社会文化学派中，弗洛姆和霍妮是光耀的两个高峰，而弗洛姆走得更远，以至于后人很困惑，弗洛姆的思想和学说还是精神分析

吗？似乎更应该称之为哲学或者人学。他著作十分丰富，《逃避自由》《爱的艺术》等风靡世界。在感情生活上，认识霍妮之前，他曾经有过一段婚姻。和霍妮分手后，他开始了第二段婚姻，和妻子十分恩爱。妻子生病期间，他推掉了所有的演讲邀请照顾她。妻子去世后，他再一次结婚。据说《爱的艺术》就是为第三任妻子写的。

1952年，67岁的霍妮安然离世，她的一生都是勇敢的斗士。而弗洛姆活到了1980年，享年80岁。

霍妮是个深刻而坦荡的人，有一种自然天成的魅力。她坚持，从来不存在普遍的人性，而是文化冲突通过焦虑，深深影响了我们的人格结构。霍妮和她的密友弗洛姆互相影响，把精神分析带入了更广阔的社会文化天地。

04 霍妮——叛逆的弗氏门人，扯起文化派大旗

大师语录

1. 完美的正常人在我们的社会文明里太少见了。

2. 女人最有价值的部分就是为人母亲。

3. 如果我不能漂亮，我将使我聪明。

4. 一个人想要真正的成长，必须在洞悉自己并坦然接受的同时又有所追求。

5. 只有当我们愿意承受打击时，我们才有希望成为自己的主人，虚假的冷静，植根于内心的愚钝，绝不是值得羡慕的，它只会使我们变得虚弱而不堪一击。

6. 在真正的爱中，爱的感受是主要的，而在病态的爱中，最主要的感受是安全感的需要，爱的错觉不过是次要的感受罢了。

7. 我们内心的冲突是生命不可缺少的组成部分。

8. 只要对孩子在童年时期的一切具体生活情况有着充足的了解，就能知道孩子的某种特征是怎样形成的。

9. 一切压抑，有着相同的特点，在自发性感情思想和行动上都体现出

了一种掌控力量。

10. 对于一切目标来说，没有任何准备的忽然袭击都是不利的。

11. 不管是怎样的领悟，只要它深入人心，并且给人留下非常深的印象，就必然需要花费所有时间与精力。

12. 我们的情感和心态在极大程度上取决于我们的生活环境，取决于不可分割的交织在一起的文化环境和个体环境。

13. 眼前的困境，本身很大程度上是先前存在的人格障碍所致。

14. 我们有可能具有焦虑，而自己一无所知，同时也未意识到这些焦虑是我们生活中的决定因素。我们的文化使个人产生大量焦虑。

15. 基本品质的邪恶，完全是由于缺乏真正的温暖和爱！

16. 基本焦虑，可描述为一种自觉渺小无足轻重，无能为力，被抛弃受威胁的感觉，仿佛置身于一心对自己进行谩骂、欺骗、攻击、侮辱、背叛和忌恨的世界的感觉。

17. 对儿童来说，感觉到自己被人需要，对他的和谐发展有极其重要的意义。

18. 现代文化在经济上建立在个人竞争，原则上每一个人都是另一个的潜在竞争对手，潜在敌意已经渗透到一切人类关系中。

19. 人类能够作出选择也必须作出选择，这既是人的特权，也是他的重负。

20. 我们越是能够体验冲突、正视冲突，并找到解决方法，就能够获得内心的自由和更大的力量。

21. 陷入神经症的人不能自由选择，两种方向以正相反的力、同样的强度驱使着他。

22. 如果儿童时代没有受到严厉限制，而是任其自然发展，那么后来的经历，尤其是青春期的体验，就能影响人格的成型。如果儿童时代所受的影响很大，就把孩子塑造成一个死板规矩的类型，新体验就不能再将他

04 霍妮——叛逆的弗氏门人，扯起文化派大旗

改变了。

23. 神经症患者，不能灵活应对外界，他别无他法，只有要么屈从，要么对抗，要么逃避，而不管这些行为在具体的情况下是否恰当。

24. 人际关系有巨大的决定性，注定会规定我们的品质、为自己设的目标以及我们崇高的价值。

25. 通往无限荣誉的捷径势必也通往自我折磨的心灵地狱。一个人如果真循此捷径出发，最后他必会失去自己的灵魂——他的真我。

05 安娜和弟子
——创立儿童精神分析,构建自我心理学

在父亲的光辉和羽翼下,安娜不是一个传奇,她终身都是父亲的孩子,更是孩子们的朋友和老师。如同她的同行所评价的,安娜是一个充满激情和灵感的老师。她是儿童的老师,是哈特曼和埃里克森的老师,也是自我心理学和儿童精神分析的老师。

05 安娜和弟子——创立儿童精神分析，构建自我心理学

谁说心灵之花不能自由绽放？
——"自我"理论

还记得弗洛伊德的人格理论吗？他说我们心里有三个小人：本我、自我和超我。我们的心灵是不自由的，因为"自我"是个小可怜，被本我和超我两个主人撕扯奴役。

安娜：自我是个全副武装的防御小能手

弗洛伊德是悲观的，但他的女儿安娜却很乐观。安娜接受了父亲的人格理论，但她觉得，"自我"可以很强大，心灵可以很自由。自我有很多功能，其中最厉害的是防御。

就像古老的城市有城墙，国家有军队，我们的心灵也有防御工事来保护自己不受伤害。而且更妙的是，心灵的自我防御是免费的，一分钱也不用花就能点石成金，瞬间化腐朽为神奇。

比如买不起喜欢的东西很伤感，自我防御会帮助我们——比如：一双鞋子1万元？傻子才会买！或者：今天买不起没关系，我总有一天会变有钱，那时一次买两双，今天穿一双，明天穿一双！再或者：我不是买不起，只是想把钱用来买别的。更有甚者：花1万元买这种鞋子的人，都是爱慕虚荣之人，我买不起是因为我只喜欢清白赚钱，咱虽然穷，但人品杠杠的……

对这些五光十色的想法，鲁迅先生曾尖锐地命名为：精神胜利法。但安娜发现，"自我"这个小可爱把精神胜利法玩出了花样，玩出了艺术，玩出了境界。她整理出了自我的11种防御法。我们挑几个介绍一下。

有一个叫合理化。对自己的言行，给予缜密完美的解释，比如喊着"傻子才会买"的小姐姐，越琢磨越想给自己点赞啊。这双鞋子难道是金子做的吗？不是啊。既然不是金子做的，它为什么卖1万元？太奇葩了。那些明知它不是金子做的，还去买的人，他们没有眼睛吗？太傻太天真！而我，从它身边走过，轻轻挥了挥衣袖，却没有带走它，是多么英明神武啊！想着想着，好自豪！

有俩双胞胎叫理想化和贬低。理想化自己，贬低别人。比如喊着"买这种鞋子的人都是爱慕虚荣之人"的小姐姐，越琢磨越感动，最后把自己感动得热泪盈眶。我穷，因为我是好人，那些赚了很多钱的人，不知道昧了多少良心，一点廉耻感都没有。我没有升职，因为我不会巴结领导，那些平步青云的人，都是不要脸的谄媚之徒。在这滚滚浊世，我是何等地出淤泥而不染啊！遗世独立的风骨，不是谁都有的。想着想着，好感动！

还有一个叫升华。我爱这双鞋子唯美的设计，但太贵了那就算了吧，让我把热情投入到工作中，当一个好员工，把我的PPT做得尽善尽美。当一个好老师，用心哺育我的每一个学生，让他们生命的每一天都靓丽多姿。当一个好作家，写出最晶莹美好的文字。当一个好妈妈，精心做有营养又好吃的早餐。我不能拥有这双鞋子，但我保有对美的渴望，并把这种渴望倾注到更好的所在，这就叫作升华。想着想着，好安心。

还有一个叫利他。那个叫着"有钱后买两双"的小姐姐，终于有一天有钱了，买鞋子的执念却似乎烟消云散了。她开始沉迷于帮助穷人家的小孩，给买不起鞋子的小孩送上一双双干净漂亮的鞋子。我渴望被照顾，就去照顾别人，这叫作利他。想着想着，好充实。

还有一个是压抑。这是自我最常用的防御。人生不满百，何必常怀千日忧？忘了吧忘了吧，都忘了吧。忘掉繁重的工作，喝杯美味的咖啡。忘掉鸡飞狗跳的生活，窝在沙发上看一集轻松的连续剧。至于那双昂贵的鞋子，我见过吗？忘了忘了，好轻松。

说到这里，我们发现"精神胜利法"并不是那么面目可憎，它是中性的。防御对我们心灵的平衡和安宁非常重要，重要到离开了它我们几乎一天也活不下去。当然，防御也有幼稚和成熟之分，比如理想化和贬低是很幼稚的，因为它们除了让自己暂时好过一点，对自己的品性和未来一点好处都没有。但升华就是成熟的，因为它会从另一个角度成就自己，打开另一扇幸福完满的人生之窗。

"自我"因安娜的慧眼而被关注，因安娜的两个弟子哈特曼和埃里克森被最终成就。

哈特曼：自我是个自给自足的探索小能手

哈特曼是德国心理学家，曾经师从于安娜。后来他移居到美国，沿着安娜的方向，在彼岸创建了自我心理学。哈特曼认为，自我是独立的，自我的功能不仅是防御，还有更多更多，比如思维、记忆等。自我也绝不是本我和超我的奴仆，它是自主的，是生命本身。小婴儿把什么都塞到小嘴巴里尝尝，不是为了满足口欲，而是在探索。探索本身就是一种满足，是对自我的满足。

这种看法和弗洛伊德的观点截然不同，但十分符合父母们的经验。孩子有着无穷无尽的好奇心，他们热衷于尝试。1岁的孩子刚要学走路的时候，会不停地挣出大人的怀抱去走路。拿到一只橡皮小鸭子，会尝试各种方法让它响。3岁的孩子会问各种问题，为什么小鱼要在水里游？为什么水会结成冰？画画、下棋、打球、弹琴、读书，什么都喜欢，什么都想试一试。用自我心理学的观点来看，这是孩子的自我在生长、在发展，孩子探索和适应这个世界，也拓展和驾驭自己的能力。

哈特曼的研究，让自我心理学真正从弗洛伊德的理论中独立出来，因此是他而不是安娜，被称为"自我心理学之父"。

埃里克森：自我是心理小零件的组装小能手

安娜的另一个弟子埃里克森则认为，自我最重要的功能是同一性。一个人从小到大，身体和思想都发生了那么大的变化，为什么你始终知道自己是自己呢？这是自我的功劳，它有同一性，心理零件再散再乱，也能被自我整到一块，形成一个有意义的整体。

从安娜、哈特曼到埃里克森，他们的研究表明，我们的心灵有生而自由的部分——自我，它可以让心灵之花自由绽放。人生，并不是宿命，而是自我的选择。

如同那个充满苦难和光华的故事：犹太裔心理学家弗兰克尔"二战"时被关进集中营，亲人都被杀死了，他孤身一人备受折磨。但有一天当他赤身独处于囚室时，却突然体验到一种感受：人可以失去一切，但还有最后一种自由——选择心灵如何反应的自由与能力。他日后将其命名为"人类终极的自由"。这就是属于"自我"的芳华。

在孩子面前，分析师也是教师——儿童精神分析理论

安娜的另一个重要贡献，是来到了儿童的世界，用精神分析这种特别的哲学观去理解孩子，帮助孩子。

安娜指出，小孩子在成长过程中，会有各种状况，有时候会神经兮兮的，然后被父母送到医生这里。作为一个分析师，我们首先要搞清楚小孩子的问题哪些是发展性的，哪些是病理性的。某个时间点、某些特殊情景中，小孩就是神经兮兮的，这并不意味着他一定是生病了。

今天，安娜指出的这一点仍然有着重要意义。比如很多小孩子刚上学的时候不适应，完全不能在教室里一节课又一节课地端坐，他们动不动就会离开座位跑来跑去，对老师的批评充耳不闻。他们把铅笔橡皮扔一地，本子涂得乱七八糟。虽然老师烦得要疯掉，但这些孩子的问题多半还是发展性的，是对新环境的适应不良。老师恐怕需要多一点耐心，而不是立刻责令家长去带孩子诊断多动症。

安娜认为，孩子的发展性问题是分阶段的，一个阶段解决不好就会带到下一个阶段，然后任务和困难就会越攒越多。这是非常有洞见的看法。父母们都知道，如果孩子在幼儿园就养成了良好的作息、阅读习惯，那么到了小学就会非常轻松。孩子可以很快完成作业，从而有更多时间来阅读、运动、交朋友。同理，小学时学习、运动、社交能力的发展，又会让孩子的中学阶段比较顺利。相反，如果孩子在幼儿园阶段不读书、不按时睡觉、不会基本的自我照料，这些任务压到小学，孩子就会非常累，作业一写四五个小时，没有时间来发展核心能力，后面就会越来越辛苦。安娜的这个观点，也深深启发了埃里克森，后者提出了更全面的发展阶段理论，我们接下来会提到。

安娜在弗洛伊德的理论框架里分析儿童，但她也有很多创造性的见解，比如儿童精神分析需要特别的技术，在游戏中和孩子形成良好的关

系，鼓励孩子讲一些幻想的故事等。这些对父母也有启迪，很多父母都不了解自己的孩子，他在想什么，喜欢什么，擅长什么，害怕什么，认知和情感发展水平在哪里，气质和思维方式是什么，对这些父母都毫无头绪。直接问孩子是很困难的，最自然的办法就是和孩子随意聊天，让孩子自由地讲他幻想中的故事，和孩子一起做游戏。如果我们付出时间陪伴孩子，哪怕漫无目的地做这些，孩子的整个发展脉络就会清晰地呈现在我们眼前。真正用心的父母，不是从成绩单和别人的评语中了解自己的孩子，而是从真实的陪伴互动中了解自己的孩子。

安娜还特别提醒，对孩子的分析，不能给孩子的生活带来混乱。要借助环境，把分析和教育结合起来，小心地进行，真正帮助孩子。

05 安娜和弟子——创立儿童精神分析，构建自我心理学

生命是一个个的台阶——发展阶段理论

人的一生，辛苦又甜蜜。辛苦在于，每个人生阶段都有一个艰巨的任务，需要我们调动自己所有的心理能量去应对。想想高三的苦读崩溃，想想升职前的加班苦熬，想想一次次被拖到相亲现场遭受的凌辱，就知道我所言非虚。但人生又是甜蜜的，每次任务完成都会给我们带来丰厚的回报和馈赠，一日看尽长安花的狂喜，出人头地的安心，携手看夕阳的温馨……还有更重要的，我们一点点积聚起来的品质：自信、担当、温柔、奋进……

有些甘苦我们懂，但有些我们早已忘却，但它们并未消逝，而是深深沉在我们所拥有的那些品质里。安娜的弟子埃里克森，指出人生有8个阶段，每个阶段都和一种人格品质紧密相关。这个阶段的任务完成得好，就会得到它，完成不好就得不到。瞧，这就像游戏中打掉boss才能得到装备一样合情合理。

第一阶段，信任对不信任

这个阶段是在0～1岁，人格品质是希望。

有的人活得倍儿惨，一双眼睛却始终带着希望，快活乐观得不得了。就像褚时健，从牢里出来70岁了，但他和老伴一头钻进了山里种橙子，还大获成功。为的是什么？阿甘的妈妈养了个弱智儿，智商75，但这个独身又贫穷的妈妈快快活活地陪儿子长大，还成就了他非凡的人生。凭的是什么？心怀希望。有的人拥有"希望"这种品质，顺境逆境都安然幸福。有的人缺乏这种品质，拥有失去都惶惶不安。

希望的品质哪里来？埃里克森说，在0～1岁，孩子最柔弱的时候，如果得到了父母恰当的爱抚和照顾，就会让孩子产生一种基本信任感。而惩罚或忽视，则会让孩子惧怕，产生不信任感。信任感任务完成得好，奖品就是希望品质。

第二阶段，自主对羞怯怀疑

这一阶段是在1～3岁，人格品质是意志。

有的人在这世界上轻松自然地行走，让别人最终接受他。有的人小心翼翼，恨不得削掉半只脚，血肉模糊地穿进社会均码的鞋子。前者如王菲，动不动怼记者"关你什么事"，记者抬出歌迷这个大后台，王菲仍然悠悠地说："也不关他们的事儿呀。"她这样地我行我素，逼着大众从侧目到佩服。后者如被嫌弃的松子，小心艰难地应付着人生的每个场景，步步看人脸色，被伤害后还要泣血道：生而为人，对不起。

自我意志的强弱，决定了面对他人，或者命运，我们是坚持还是屈从。意志的品质哪里来？埃里克森认为，在孩子1～3岁时，能"随心所欲"地做决定了，自己可以吃东西，可以上厕所，可以跑来跑去。小朋友很得意，但他们那些"神圣"的实验，比如研究红薯泥扔到墙上粘得牢，还是吐到墙上粘得牢，父母恐怕很难欣赏。父母要足够宽容，又要适度限制，才能帮助孩子度过这个危机，形成自我意志。如果一味限制惩罚，孩子就会感到羞怯，并对自己的能力产生怀疑。

第三阶段，主动对内疚

这个阶段是在3～5岁，人格品质是目的。

在职场上，实习生有两种。一种主动好学，给他派个活儿，他自己完全能安排工作进度和步骤，该请教的请教，该推进的推进，又好又快地做完放你桌上。不给他派活儿，他也有规划，始终在工作节奏里。另一种也很乖，说他傻吧，他拿着一张名校文凭，说他懒吧，他来得最早走得最晚。可是，你拨一下，他才会动一动，每天都睁着无辜的大眼睛等安排。给他派个活儿，不会做的部分就呆呆等着，期限到了才说不会。

大家当然喜欢主动的那一个。但主动的品质哪里来？埃里克森认为，孩子在3～5岁，会开启丰富生动的想象，开始创造性的思维和活动，尝试规划未来事件。比如小朋友说，下午我要和婷婷一起放风筝。父母嗤笑说，都没风，放什么风筝？或者：不许去，睡午觉。讥笑和限制这种事情经常发生的话，孩子就会缺乏主动性，并且感到内疚。如果父母肯定和鼓励，比如这样说：放风筝很有趣啊。如果有风的话，你们就放风筝。如果没有风的话，你们想玩什么呢？把主动权还给孩子，孩子才能发展出主动性。

第四阶段，勤奋对自卑

这个阶段是在5~12岁，人格品质是能力。

小学阶段的孩子，会逐渐从游戏和幻想的世界进入到现实的世界。他们开始对现实充满好奇，大自然、动物、各种职业在他们的小心灵里，迷人又有趣。他们看待自己，也从"妈妈的宝宝"变成"某个班级的学生"，虽然他们还很依恋父母，但兴趣更多地转向学校、老师、同学、邻居等更大的世界。

如果上一阶段自主性发展得比较好，这一阶段孩子会想各种办法来满足自己那旺盛的求知欲。他们会孜孜不倦地阅读，缠着父母和小伙伴下棋，绞尽脑汁解数学题，乐此不疲地把拆碎的小零件组装起来……见到所有的乐器都拨弄两下，所有的球都拍两下，所有的画笔都涂两下。鼓励孩子自主地去完成他的"工作"，并从中体会勤奋的美妙，孩子就会对自己成为社会上有用的人满怀信心。如果这一阶段自主性解决不好，孩子就会自卑，无法形成能力品质。

遗憾的是，我们今天的教育，并不在乎孩子能力的形成，只在乎他们的成绩。家长花费大量时间和心血，把孩子从广阔的可以尽情遨游的世界中拉回来，逼他退行，继续当"妈妈的乖宝宝"，如何安排时间，如何学习，如何交朋友，如何做这道题都听妈妈的。缺乏足够大的探索空间，孩子的勤奋感将无从形成，能力品质也将无从获得。

第五阶段，自我认同对角色混乱

这个阶段是在12~20岁，人格品质是诚实。

恐怖的青春期，是人生的一个风暴期。前面攒下来的所有装备，即信任、目标、自主、勤奋等，这会儿都要用上，整合在一起完成"我是谁"的答卷。那些有才干、有创造力、理解能力好的孩子，可以比较安然地度过这一阶段，但大部分孩子会有各种迷茫。职业、性别、兴趣、爱情、同伴都可能让他们产生认同的焦虑和迷茫。同学们都染红头发，我不染就会焦虑呀，担心被排挤，担心落伍。但如果孩子一向自主性很好，有自己的目标，各方面能力比较强，对社会发展有自己的理解，他就容易形成稳定的自我认同，从而用来抵御这种晃来晃去的焦虑。

当然，危机危机，从来都是危险中有机遇。在整合的过程中，孩子把前面四个阶段的那些冲突，重新再来一遍，当时没有解决好的，可能又卡住，但也可能顺畅地得到解决。孩子在这个阶段，还要面对强烈的性冲动问题，解决不好很可能出大问题。

父母一方面要在青春期来临前，做好准备。孩子该有的装备，不要缺得太厉害。另一方面，要在这时保持足够的理智和耐心，要知道孩子在这个特殊的时期，心灵饱受煎熬，敏感、混乱、迷茫得不得了，很容易沉到黑暗里，离家出走、自残、加入团伙都有发生的概率。如果这时有一个孩子信任的长辈，介乎父母和朋友之间的角色，老师、亲戚或者父母的朋友，可以和孩子说说心里话，那就再幸运不过了。

青春期如果安然度过，产生稳定的自我认同，获得的勋章是诚实。如果解决不好青春期危机，就会形成角色混乱。

第六阶段，亲密对孤独

这一阶段是在20~24岁，人格品质是爱。

成年早期是渴望爱情的时期。埃里克森认为，只有建立了牢固的自我同一性的人，才能真正爱人，因为爱里有自我牺牲。如果一个人对自己是谁还弄不清，他会害怕爱，因为害怕丧失自我。

明明身处两性关系中，却倍感孤独，是很多男女的痛点。为什么？因为爱只能发生在两个成熟的人之间。如果两个人都停留在青春期，不知道自己究竟是谁，不知道自己喜欢什么、擅长什么，甚至自主性都没有发育好，心理年龄只有几岁，那么何以谈爱？大家都盲目地索取罢了。如果两个人中，一个成熟，一个不成熟，那个成熟的会被拖死，因为没有什么比养育一个巨婴更辛苦的了。

成年早期，建立亲密关系的尝试，过关了的会形成爱的品质，Game over 了的，会倍感孤独。

第七阶段，繁衍对停滞

这一阶段是在25～65岁，人格品质是关心。

有人觉得，这一阶段是人生的黄金时代，我们在世界上跌跌撞撞走了许久，终于成熟了，可以心神安宁地品尝人生百味了。如果一个人幸运地有积极的自我同一性，就能把所有的精力都集中起来，开拓事业、建立家庭，过上充实和幸福的生活，在财富、精神两个层面惠及下一代，形成关心的品质。

相反，如果一个人还在和自己纠缠不清，就很难担起自己的责任，没有能力当一个好父亲或者好母亲，没有能力大踏步地更新提升自己，他的生命就陷入了停滞。生活变成日复一日的苦役，只有责任没有享受，只有忍耐没有生机。他变得自私自利，但自己无法觉察，因为他觉得自己已经竭尽全力，劳苦功高了。

05 安娜和弟子——创立儿童精神分析，构建自我心理学

第八阶段，完善对失望

这一阶段是在65岁以后，人格品质是智慧。

最美不过夕阳红，最后一段生命，大家过得仍然不一样。有的老人智慧通透，有的老人牢骚满腹。总体来说，前面7个阶段都能顺利度过的人，他们有过幸福的生活，他们为同类和社会做出了贡献，他们有充实感和完善感，怀着欣慰的感情向人间告别。死亡，不过是息劳归主，归于自然和大地。他们回忆过去的一生，自我是整合的。但如果前面过得都不太好的人，生活目标仍然茫然的人，在生命走向终结的时候，是愤怒和失望的，因为有太多的遗憾，太多的不甘，但已经没有了时间。失望感和无意义感会占据他们的身心。

埃里克森的发展阶段理论，把人格结构的重心从弗洛伊德的本我转到了自我，为自我心理学的发展作出了杰出贡献。所以他被称为自我心理学的集大成者。

大师小传

安娜的档案

姓名： 安娜·弗洛伊德

性别： 女

民族： 犹太

国籍： 奥地利

学历： 考季泰中学

职业： 小学教师 / 精神分析师

生卒： 1895—1982

社会关系： 父亲西格蒙德·弗洛伊德，精神分析创始人

母亲玛莎，优雅勤劳的家庭主妇

密友桃乐茜，朋友和伴侣

学生哈特曼、埃里克森，自我心理学继承人

座右铭： 和孩子一起度过一生

05 安娜和弟子——创立儿童精神分析，构建自我心理学

最喜欢的人：小孩子
最崇拜的人：父亲
口头禅：精神分析怎么办？

早年：忧郁的少女，富有才华却事事不顺

1895年12月，弗洛伊德和妻子玛莎迎来了他们的最后一个孩子，这就是小安娜。

小安娜一直觉得，自己的出生是不受欢迎的。爸爸更希望得到一个男孩，妈妈因为孕育她身体不好，所以没有给她母乳。安娜出生的这一年，弗洛伊德出版了《歇斯底里症研究》，于是小安娜感觉，她和精神分析是"双胞胎"，而爸爸显然更偏爱另一个。

一般说来，家里最小的孩子最受父母宠溺，但小安娜的情况有点特殊。小姐姐索菲只比她大两岁，长得很漂亮，但身体病弱。比起健壮顽皮的小女儿，妈妈更疼惜索菲，于是一直花费更多时间照料她。这让安娜很嫉妒，为了得到家人的关注和爱，安娜和索菲从小就不停地竞争。

从妈妈那里得不到足够的爱，安娜把目标转向了爸爸。弗洛伊德十分喜爱这个聪明的小女儿，他的生活记录中，安娜出现的频率是最高的。安娜长大后有一次回忆"我所有的家人都坐着小船离开了，他们却不愿意带上我，并不是因为船太小坐不下其他人，更不是因为我年龄太小。对于这些，我并不难过，因为爸爸回来抚慰我，表扬我。这令我很开心，比其他任何事都开心。"

安娜还有一个情感的寄托，是一个叫约瑟芬的保姆。她爱弗洛伊德家所有的孩子，由于安娜最小，所以安娜就成了她心尖上的娃娃。她宣称说，如果家里失火的话，她第一个要救的就是小安娜。安娜觉得，约瑟芬

才是她第一个"心理学意义上的母亲",童年时的安娜无比依恋她。

安娜6岁的时候开始上学,作为学神弗洛伊德的女儿,安娜的成绩也非常优秀。她大量阅读,特别喜欢虚构的奇幻故事。安娜学习好,但痛恨上学,常常因不想去上学而焦躁不安地抱怨。从小学到中学,安娜始终没有爱上学校,她把精力都放在了阅读和写作上。

1912年,17岁的安娜中学毕业了。她对未来毫无想法,这让她郁郁不安,甚至有厌食、抑郁的倾向。弗洛伊德安排她去意大利的西西里岛休养。姐姐索菲结婚时,安娜因为在西西里不能参加婚礼而耿耿于怀。心疼女儿的弗洛伊德专程去探望她,陪她四处游玩,后来又写信帮她分析,解释说安娜可能是嫉妒姐夫,他在极短时间内就赢得了索菲的爱,而安娜折腾了17年,却无法得到索菲的同等对待。不知道安娜是否接受父亲的这个解释,但旁观者们倒是觉得,弗洛伊德自己也很失落,孩子们一个个长大、结婚、离开家,曾经热闹的家里渐渐空了。他写信给荣格说"孩子们一点点地独立了,而我就在突然间成为一个老人"。

1914年,久病方愈的安娜参加了小学老师的考试。考完后她去英国旅行。弗洛伊德安排一个叫露的女士陪她,但一个叫琼斯的35岁的精明绅士冒了出来,对安娜大献殷勤。琼斯是弗洛伊德在英国的追随者,他似乎爱上了小安娜,猛烈地追求她。这让弗洛伊德大惊失色,他给琼斯写信说"安娜现在还太年轻,对男人还不感兴趣",给安娜写信说"在我不同意的情况下,你不许做出接受他的决定"。安娜从未违逆过父亲的心意,这一次当然也不会。

安娜很快回到维也纳,当了一名小学老师。她是一个出色的教育者,温和、热心、富有同情心,学生们都非常爱她。除了日常教学,安娜还设计了一个"实践教学计划",带领孩子们实地学习,备受学校和孩子们的欢迎。

然而,命运的狙击总是突如其来。1920年,弗洛伊德家人都得了严重

05 安娜和弟子——创立儿童精神分析，构建自我心理学

的感冒，索菲被这场病夺去了生命，年仅28岁。安娜则得了肺病，不得不放弃教师工作，到维也纳南部休养。

此时安娜已经25岁了。哥哥马丁有一个同学叫汉斯，小伙子家境贫穷，对精神分析很感兴趣。弗洛伊德很喜欢聪明的汉斯，不但带他学习，还给他学费、旅费，甚至给他买衣服，像对儿子一样疼爱他。可是，当汉斯开始追求安娜时，弗洛伊德态度大变，他开始在女儿面前对汉斯表示轻视和不满，最终安娜还是拒绝了这位追求者。

进入精神分析：和最崇拜的父亲一起工作

早在安娜14岁的时候，就开始读父亲的书了。每周三的精神分析讨论会，安娜会悄悄坐在图书室一角的楼梯上，聆听父亲和他同事们的观点。

安娜在23岁到27岁期间，私下里接受了父亲的精神分析。这里当然包含了很大的伦理争议。为了分析的纯净有效，精神分析一直避免任何双重关系，熟人都不可以，何况是父女？不知道弗洛伊德出于何种考虑，也许是太珍爱女儿，放眼所及又找不到比自己更好的咨询师了，只好权宜处置。

1922年，27岁的安娜以《打败幻想和白日梦》这一论文，获准进入精神分析学会，从此正式和父亲成为同行。安娜同时接受成年病人和儿童病人。一方面是她的兴趣和天分所在，另一方面是做老师的经验，使她更擅长儿童治疗。1927年，安娜出版了《儿童精神分析技术导论》，奠定了她在儿童精神分析领域先行者的地位。

发展自己事业的同时，安娜把大量时间奉献给了父亲。她翻译父亲的著作，帮助父亲整理正在创作的作品，担任精神分析协会的秘书，安排杂志的出版；在生活上也细心地照料着父亲。弗洛伊德自己写道："她一直

在家里陪伴我们这些老人，我感到很遗憾……但是，如果她真的离开我们，我会感到自己被抛弃了。"

安娜的感情生活一直扑朔迷离。1925年，30岁的安娜认识了桃乐茜，从此她们一起生活了一辈子。但安娜说了很多次："我不是同性恋。"桃乐茜是美国人，因为安娜答应为她的儿子治疗，她便带着全家人搬到了维也纳，就住在弗洛伊德家的楼上。后来她又陪安娜去了伦敦，在那里度过了余生。

1927年，安娜在维也纳建了一所特别的学校，用实践教学法培养孩子们，并开展儿童精神分析。埃里克森来到这里工作，并接受了安娜的精神分析训练。

埃里克森1902出生于德国的法兰克福。他从小很困惑，因为妈妈和继父都是犹太人，而他金发碧眼，像个北欧小孩。据说他的生父是北欧的摄影师，但妈妈对此讳莫如深。埃里克森读完中学，就做起了背包客，背着画板在欧洲乱晃。在朋友的推荐下，他来到了安娜的学校工作。他是一个非常好的老师，这不是因为他相貌英俊受孩子们欢迎，也不是因为他的绘画天赋受孩子们喜爱，而是因为他关注孩子们，亲近孩子们，并且爱他们、懂他们。

对埃里克森来说，安娜既是老师，也是贵人。在安娜的学校里，他不仅开启了自己儿童精神分析事业，也遇到了自己的终身伴侣。多年以后，已经名扬天下的埃里克森把他的《洞察力与责任感》一书，献给安娜·弗洛伊德，对她表达了感激。

在这所学校里，安娜在儿童精神分析领域深耕细作，形成了很多独特的见解。

05 安娜和弟子——创立儿童精神分析，构建自我心理学

流亡英国：和孩子们在一起，生命孤独又丰盛

1938年，为了逃避纳粹的迫害，43岁的安娜带着全家逃到了伦敦。第二年，她深深崇敬的父亲弗洛伊德因为口腔癌去世了。这对安娜来说，是个巨大的打击。艰难的岁月里，陪伴安娜的，是工作、阅读、孩子们和桃乐茜。

儿童精神分析有两大领军人，一个是安娜，另一个是克莱因。克莱因也来了伦敦。这两个姑娘其实特别像，都聪敏、美丽，意志坚定又气质娴雅，一个是公主，一个是女神。她们的观点产生了分歧，谁都不让谁，几乎吵翻了天。英国精神分析的主席琼斯左右为难，最后组织了一场"论战式大讨论"。这场讨论从1941年开始，持续了3年多。克莱因用游戏治疗儿童，安娜认为游戏只是准备；克莱因重视移情，安娜重视教育。争吵的结果是，英国精神分析协会分裂为三派：安娜的维也纳学派、克莱因的客体关系学派、温尼科特的中间学派，他们各自贡献了许多无比精彩的理论。

在伦敦，安娜一如既往地深爱着孩子们。1941年，她创办了汉普斯蒂德托儿所，为单亲家庭提供儿童寄养服务，同时收留战争中的孤儿，帮助孩子得到稳定的依恋。通过观察，安娜提出，失去父母的儿童可以在同辈中寻找替代性情感依恋对象。

1950年开始，安娜走遍欧美，开展大量演讲。她只有中学毕业，但因为她在儿童领域的贡献，杜克大学、芝加哥大学、耶鲁大学等都授予她荣誉博士。无独有偶，她的弟子埃里克森也是中学毕业，但最终成了哈佛大学的教授。

1979年，桃乐茜去世。安娜大受打击，一度陷入抑郁。最后她宽慰自己说："你问我今后和谁一起去度假，答案很简单：我一个人去，因为我不相信什么'替代性'的伴侣。我要学会在工作之余一个人生活。"

1982年10月9日，安娜披着父亲的大衣，在睡梦中离开了人世，享年87

岁。她的骨灰被装进大理石盒子里，和她终身的朋友桃乐茜以及父母安放在了一起。

在父亲的光辉和羽翼下，安娜不是一个传奇，她只是很努力很优秀的一个孩子。她终身都是父亲的孩子，更是孩子们的朋友和老师。如同她的同行所评价的，安娜是一个充满激情和灵感的老师。她是儿童的老师，是哈特曼和埃里克森的老师，也是自我心理学和儿童精神分析的老师。

05 安娜和弟子——创立儿童精神分析，构建自我心理学

▌大师语录

1. 自我的发展顺序是按照某个标准进行的。儿童从依赖非理性本我和客体决定观点，逐渐成长为自我掌控内外部世界的各个方面。

2. 潜伏期的儿童对于寄养的反应最强烈，因为寄养会严重破坏他们与父母的正常关系，所有的儿童，无论是关于自己可能被这样的想法，还是真正发生了被寄养的事实，都会认为自己的家庭遭遇了离奇的故事。

3. 在早期的阶段里，无论年长的兄弟姐妹如何关爱和容忍，也无论母亲做出了怎样的努力，蹒跚学步的儿童都不会改变其自私的特点。只有当孩子发展到前俄期（注：3岁左右）之后，儿童才具备了建立和维持同伴友谊和敌意关系的能力。

4. 人类成长过程中的发展倾向和偏好，都是通过儿童与其第一个客体（如母亲）形成情感连接，而被刺激和唤起的。

5. 他人在游戏中的帮助，不能给儿童带来满足，这种来源于游戏的成就快乐，跟他人的称赞和认可有更直接的关系。

6. 青少年的状态与另外两种情况很类似，即成年人个体在面对痛苦的

爱情问题和处于哀悼中的时候。

7. 青少年期发生的混乱，实际上是个体在努力适应内外部压迫力量变化的外在表现，有利于个体最终形成成年期的稳定人格。

8. 父母能否撤销对孩子的情感关注，对青少年的防御过程会起到决定性影响，如果父母及时让自己的角色发生转变，不再扮演孩子在婴幼儿时期形成的依恋对象，那么青少年内部涌上来的生殖器期冲动也就不再具有威胁，这样他们的内疚和焦虑就会减少，自我也更加具有忍耐性。

9. 研究本我及其活动方式，永远不过是达到目的的手段，我们的目的始终如一地矫正心理异常，是自我恢复其同一性。

10. （在自我的防御中）压抑作用占有无与伦比的地位，在数量上它比其他方法完成的更多，能够控制强有力的本能冲动。压抑不仅是最有效的机制，也是最危险的机制，意识从全部本能生活和感情生活中退去造成的自我分裂，会永久地毁坏人格的完整。

11. 投射是一些依赖于自我与外部世界相分化的方法，只有当他学会将自己从那个世界区分出来，把念头和感情从自我中排出，并把它们驱逐到外部世界时，才是对自我的一种解脱。

12. 只要一个人的自我所建立的防御是完整的，分析师和观察者就会一无所获。

06 克莱因
——儿童精神分析的又一领军人物，"客体关系之母"

  克莱因既敏感细腻，又坚毅果敢，同时具有丰富的想象力和足够严谨的作风，这让她的学说极具启发性和实用性。她点燃了客体关系的星星之火，在后人的发展下，最终成为帮助人们疗愈心灵的燎原之光。直到今天，我们仍然受惠于梅兰妮·克莱因——这个坚硬美丽的女人。

06 克莱因——儿童精神分析的又一领军人物，"客体关系之母"

我们的生活中镌刻着父母的影子
——内部客体理论

美剧《我们的生活》里，丽贝卡对"苛刻"的妈妈不满又无奈，每次妈妈到访前，都拉着丈夫死命打扫卫生，一边把地板拖得可以当镜子照，一边发誓绝对不学妈妈。30年后，她去女儿凯特家做客前，凯特一边抱怨，一边和未婚夫各种准备，翻出从来不用的锅摆在灶台上，因为担心被妈妈唠叨。

丽贝卡是个努力成长的女人，立志和妈妈不同，多数时候她都成功了。然而在心灵深处，在无数生活细节中，她的行为都镌刻着妈妈的样子，她挥之不去，甚至意识不到。我们每个人都是如此。我们和父母生活在不同的年代，也没少因为观点不合吵架，但有一天，我们惊讶地意识到，我们面对生活的方式，我们处理关系的模式，我们对待选择的态度，似乎和他们如出一辙。曾经我们痛恨悲悯的那一切——那个暴脾气的爸爸，那个软弱逃避的爸爸，那个冷漠疏离的爸爸，那个过度付出的妈妈，那个强势控制的妈妈，那个孤独悲伤的妈妈……如同一个家庭的宿命一样代代相传。多么令人困惑！

小婴儿奇幻的内心戏，和真实妈妈一起形成心灵

克莱因说，这是因为早年形成的客体关系，对我们的影响比我们想象的更深远。父母，尤其是妈妈，是我们最初、最重要的客体。从出生开始，自我就存在了。从妈妈把我们抱入怀中、用温暖甘美的乳汁喂养我们的那一刻开始，我们就已经打开了心灵，并开始形成关于世界和自己的影像。在克莱因看来，我们心灵的形成，是一个奇幻的过程，由两个奇幻的机制构成：一个叫投射，一个叫内摄。

投射是这样的：刚出生的小婴儿，还残留着一种全能感，因为他曾经在妈妈的羊水里生活了10个月，那个世界为他存在，温暖安全，不用自己吃，不用自己呼吸，生存是一件无须付出、自然而然的事情。出生后，环境变得残酷了，小婴儿很焦虑。在他小小的心里，有一种全能幻想，有乳汁流出来，是因为我饿了。没有乳汁流出来，好可怕，可能世界已经被我毁灭了，不然怎么我饿了却没有乳汁呢？克莱因说，这种幻想是小婴儿的先天本能。小婴儿把幻想投射到世界和妈妈身上，有乳汁的时候，世界安全妈妈美好。没有乳汁的时候，世界崩塌妈妈可怕。随着小婴儿的长大，他会逐渐把客体和自我区分开来，但投射却是始终存在的一种心理机制，很多成年人也会大量使用投射。曾经有一个段子把投射描述得很深刻，妻子看到丈夫紧锁眉头、心不在焉，就开始了一系列丰富的心理活动，他一定是对我不满意，也许是怪我今天做的菜太咸了，我的新发型不好看，我有鱼尾纹了，我们上个月吵架他还记恨在心，他的女同事比我活泼有趣……而丈夫的心理活动则是：意大利居然输了球！妻子的投射包含了一个特征"他的情绪一定与我有关"，这和早年投射里的全能感残存息息相

06 克莱因——儿童精神分析的又一领军人物，"客体关系之母"

关。回到小婴儿，我们可想而知，在这种投射心理的影响下，如果没有得到好的照顾，婴儿心中不仅仅是饿和不舒服这么简单，而是被毁灭的恐惧。

内摄是这样的：和小婴儿丰富奇幻的内心戏对应的，是外在真实的经验。当婴儿吸吮妈妈的乳房，他摄取的不仅是维持生存的乳汁，更是温暖、爱、安全、愉悦、满足等美好的感觉，妈妈和婴儿之间无意识的亲密接触，还有更深的，比如无言的理解等感觉，这是内摄的过程，婴儿从真实经验中获取内在品质。如果此时的妈妈是一个稳固的好客体，关心关注婴儿，情绪稳定亲切，那么婴儿和妈妈就能建立稳固的、充满爱的客体关系，就能给婴儿的自我赋予一种丰饶充盈的感觉，他可以放心地给予爱，因为他相信自己不仅能够摄入爱，也能再摄入自己给出去的爱。反之，如果妈妈是一个不稳定的情绪炸弹，对婴儿的饥饿哭啼不闻不问，或者用冰冷抱怨的态度对待婴儿，那么婴儿就无法内摄到爱和安全感，无法建构一个丰饶的自我。他的内心很贫乏，给出一点点爱，就会疲惫不堪，就会耗竭，因为他觉得无法收回来。

投射和内摄，像扭麻花一样，一点点建构起小婴儿的心灵。在克莱因的观点里，投射是第一位的，婴儿常常用幻想代替真实的现实。那么幻想又是哪里来的呢？克莱因的回答是天生的生物机制。有的婴儿天生很敏感，有的婴儿天生很大条。好吧，但妈妈也不必灰心，因为真实的现实也很重要，它可以修改小婴儿的幻想。妈妈是孩子幻想出来的最初的内部客体，也是第一个接触到的真实的外部客体。婴儿就像一张雪白的纸，妈妈是落下的第一个点。紧跟其后的，是爸爸。不管此后是满纸锦绣，还是满目萧索，落笔的姿势，是爸爸妈妈给的。

爸爸妈妈怎样对我们，我们就怎样对自己和别人

从婴儿长成孩子，再长成大人，在和父母的相处过程中，我们储存了如恒河沙数般多的影像在内部客体中，并在日后自如地调动使用。贫穷年代，一个爸爸拿出仅有的钱，让小女儿去买豆浆鸡蛋，却不舍得给她和其他家人吃，只留给自己吃。小姑娘在大量类似的场景中学会了两种方法：一种是像爸爸一样无视别人，自己最重要；一种是像小时候的自己一样，完全自我牺牲，别人最重要。她在未来的人生中，会变换使用这两种方法。她成了一个过度付出的妈妈，自己不舍得吃不舍得穿，一分钱掰两半供孩子吃穿受教育，把孩子培养成才。然而女儿结婚时，她却展示了自己的固执，嫌女婿送的方钻戒不闪亮，女儿只好顺从她的心意换成圆的。女儿女婿想旅行结婚，她一定要大宴宾客。此刻她变成了父亲：我的心意最重要，我的满足最重要。当然这是潜意识的，在意识里她仍然觉得是为了女儿好。

父母是我们生命中最重要的客体，他们的影响如深泉，构成我们人生的底色和人格的基石。我们曾经激烈地宣誓要和他们不一样，我们曾经以为自己做到了，然而他们始终存在于最深的地方，甚至我们用来反抗他们的自我，都是从他们那里传承而来的。但我们心中丰富奇幻的父母形象，并不完全等同于养育我们的那两个人。我们成长中会遇到很多人，小学时邻居家那个友善的大哥哥，他带着一群小孩子追逐打闹，对每一个人都公平细心；初中那个英俊的班主任，他全身散发着朝气和爱心；高中那个美丽的语文老师，她是那么优雅慈爱；大学时那个温润如玉又铁骨铮铮的白发教授；工作中那个才华横溢的领导……在生命中的某一刻，他们出现在我们身边，仿佛踏着七彩祥云，仿佛全身笼罩着金光，让我们心驰神往，让我们内心激荡。他们是我们心理学意义上的父亲和母亲，我们像婴儿吸吮乳汁一样，从他们身上内摄着各种美好的品质，不停地拼凑和修改着我

06 克莱因——儿童精神分析的又一领军人物，"客体关系之母"

们心中的父母形象。

如果我们不够幸运，生命中没有这么多美好的客体，还有一个办法可以帮助自己，那就是读书。那些理想的父亲和母亲，那些美好的品质，我们可以在高尔基的《母亲》里找到，可以在雨果的《悲惨世界》里找到，可以在苏东坡的诗词里找到，可以在归有光的散文里找到……

我们将在别人那里一次次体验和爸爸妈妈的关系

一生中我们会遇到很多人，但能成为我们重要客体的寥寥无几。在岁月的筛磨下，大部分人都是萍水相逢，很快风流云散，他们能影响我们的情绪，不过是因为唤起了我们和重要客体的关系体验。那个心直口快的女上司，像强势的妈妈，一次次让我们体验到童年的委屈和无助。那群K歌不叫我们的同事，让我们想起了被父母送去住校的孤苦，感觉又一次被抛弃了。可悲的是，很多人都稀里糊涂地为陌生人花费着最多的时间和心力。事实上，重要的从来不是他们，而是我们内心的客体关系模式。就是这些模式，让我们一次次被强势的女人欺负，一次次感受到被抛弃，一次次爱上不该爱的人，似乎生活成了一个怪圈，我们总是撞到同类型人的枪口上，或者重复同样的生活轨迹。如果你也感觉到了命运的重复，也许你应该做的，不是疲于应付，而是去厘清自己的重要客体给了你什么品质，给了你什么模式，哪些是爸爸的，哪些是妈妈的，在什么情境下强加到了你身上。当你做好这些，魔咒会失效，心灵会重获对生活的自由。

真正重要的感情都是爱恨交织
——嫉羡与感恩理论

我们很容易理解，爱情是一种爱恨交织的感情。被善待的时候有多爱，被伤害的时候就有多恨。如果一个人说起前任就恨得咬牙切齿，他多半还爱着她，真正放下的时候，是全然的淡漠。不过我们不太容易理解，亲情也是一种爱恨交织的感情。

承认吧，我们的爱里掺杂着恨

我们的文化强调，父母的爱是无私的，孩子应该全然地孝顺。如果你是一个好孩子，就应当百分百地爱你的父母。如果你是父母，你天然百分百地爱孩子，你所思所想的一切，都是为了孩子好。

听上去很美，但这不是真的。我们的爱里掺杂着恨，儿女有很多恨父母的理由，只不过压抑掉了。很多孝顺的儿女，从来没有情不自禁拥抱父母的冲动，没有因为父母的笑脸而在心中绽开幸福的感受，他们说得最多的是责任。而爱，和恨一起被压抑掉了。很多不孝的儿女，压榨欺辱父母到了令人发指的程度。父母也有很多恨孩子的理由，有人压抑掉了，如同那些过度宽容的父母；有人置换掉了，如同那些自己心情不好就在孩子学习方面找茬的父母；有人则肆无忌惮地发泄出来，如同那些把亲生子女打死打残的父母。恨、嫉妒和攻击冲动在亲情中存在得如此广泛，不是我们闭上眼睛、塞上耳朵，它们就会消失。那么，让我们来认识它们，看看它们的来龙去脉吧，如同克莱因所做的。

　　克莱因早年的描述中，强调的是爱、罪疚和修复。如前所述，婴儿出生的最初几个月，全能自恋的小家伙，在幻想中体验到分裂的情感：妈妈被分裂成两个，一个是理想化的好客体，孩子一饿就给乳汁，一个是自私到极点的坏客体，把乳汁都留给自己享用，两个客体互不相干。孩子会自然地发展出对好客体的爱，也会攻击坏客体，比如噬咬妈妈的乳头。然而到了四五个月后，婴儿惊讶地发现，好客体和坏客体是一个人，这下麻烦大了。我爱的正是我恨的，我恨的正是我爱的，这可如何是好？克莱因说，婴儿就此陷入"抑郁位"，罪疚感出现了，我恨她，想攻击她，可是她是我爱的妈妈，好难搞，好抑郁。于是小婴儿想到的一个好办法是"修复"，当她自私地把乳汁留给自己的时候，我在想象中攻击她，她死了。不过没关系，接下来我修好她，继续爱她。

我们的人性里，感恩和攻击总是如影随形

　　在后期，克莱因又提出了和爱恨交织有关的另一对概念：嫉羡和感恩。克莱因认为，小婴儿对妈妈乳房的攻击是一种嫉羡，你拥有可以随时流出乳汁的乳房，你可以决定什么时候给我，什么时候收回，如同你给我

的爱，这让我羡慕嫉妒恨。嫉妒会妨碍婴儿享受乳汁，享受妈妈的爱，并进一步剥夺他们将来享受美好的能力。但如果妈妈一直很适当地喂养照顾小婴儿，小婴儿在嫉妒的同时，会觉得乳汁是从爱的人那里得到的礼物，不停地、温柔地、恰当地给予的爱的礼物。小婴儿会因此感恩，不过嫉妒始终存在，但如果感恩的力量足够强，好客体就会一次次失而复得。说得更通俗点，拥有安全和幸福并不是从未失去，而是坚信可以失而复得。

在我们的人性中，深刻存在着爱和感恩的倾向，也深刻存在着恨和攻击的倾向。只要我们略微思考一下人类进化的过程，就会承认这两种倾向对生存来说，都不可或缺。更奇妙的是，爱与恨、嫉妒和感恩如此紧密地纠缠在一起，如果我们硬生生地否定一方，另一方也将不复存在。所以在感情中，那些没有一丁点攻击和恨的关系，往往只是取悦的关系，而非爱的关系。同样地，当你不再对一个人有爱，你也就不会再对他有恨，只是相忘于江湖的陌生人。

稳固的爱里，有能力涵容恨

当然，指出恨和攻击冲动的客观存在，并不是为了鼓励争吵和对抗，而是鼓励区分和整合。当你的孩子把墨汁泼到雪白的墙上，你得明白这两点——孩子永远是你心尖上的挚爱，但此刻你恨死他了。爱是真实的，不因为你此刻的恨而改变。但恨同样是真实的，不该用爱来掩盖。有的父母不明白自己的愤怒是因为恨而不是爱，跟随本能的反应去打骂伤害孩子，却自欺欺人说是为孩子好，是爱孩子。这种爱恨混在一起的奇葩情景会让孩子无比困惑，永远无法理解什么是爱、什么是恨，怎样表达爱和恨。但如果你愿意面对真相，你的愤怒来自于恨，就可以用更安全的方法去处理，包括用语言告诉孩子，他的行为让你非常愤怒。等恨意消退、爱意浮

06 克莱因——儿童精神分析的又一领军人物,"客体关系之母"

现的时候,你会找到更好的方法来惩罚他,比如洗一个星期碗,为全家人洗一个星期的袜子。充满恨的惩罚是伤害,充满爱的惩罚则是教会孩子承担责任。

同样地,当你的孩子对你怨恨,鼓励他用恰当的方法表达出来,用你的一言一行告诉他,稳固永恒的爱里,可以涵容恨、愤怒和攻击,只要它们合理而恰当。亲子之间,彼此都应该完全避免肢体攻击,但有礼貌的语言攻击,客观描述自己的情绪,是每个家庭成员都应有的权利。

在游戏中窥到孩子的内心世界
——儿童游戏理论

游戏是孩子的天性。

有的年代,孩子们在户外追逐打闹,玩到满天星辉,仍然欢声笑语,贪恋着不肯回家。有的年代,孩子们有了各种新奇的小玩具,积木、橡皮泥、汽车坦克,三五成群或者独自一人,对着玩具摆弄个不停,常常自己傻笑起来。有的年代,孩子们早早迷上了电子屏幕,目不转睛地盯着电脑、手机,面色冷然地砍砍杀杀。

孩子自己觉得,游戏无目的,只是好玩。很多父母也这样想。这是错的。我们进化多年,沧海桑田,生活方式变了又变,童年的游戏却一成不变,原因是什么呢?因为它太重要了,对身体、心理、社交都太重要了。

06 克莱因——儿童精神分析的又一领军人物，"客体关系之母"

游戏是孩子的自由联想

今天我们不展开讨论，只从心理学和克莱因的角度来看儿童的游戏。克莱因认为，游戏是孩子的自由联想。孩子的游戏里充满了无意识表达，他的幻想、焦虑、快乐、担心、挫折和悲伤、嫉妒和攻击、内疚都隐含其中。一个有经验的分析师可以清晰地看到这些。比如一个4岁的小女孩决定扮演老师，然后开始了各种苛刻的挑剔、指责和辱骂。她是在模仿还是在想象？游戏过程中，她呈现出的是施虐的兴奋还是变成权威的放心？分析师要小心地凭借在游戏中的观察，和孩子进行有技巧的交谈，并利用从父母和老师那里侧面印证的材料，来一步步走进孩子的内心世界。那是一个丰富绚丽却很难用语言来描述的世界。

很多父母不了解自己的孩子，特别是孩子很小的时候。他们不停地问问题，你今天在幼儿园怎么样？老师对你好吗？小朋友有没有欺负你？你愉快吗？你好好听课了吗？你今天都做什么了……小朋友们则茫然地点头摇头，顺着父母的焦虑给出各种答案，因为他们丰富的内心感受很难用语言表述清楚，但善于了解孩子的父母会陪孩子玩游戏。一个温和的孩子突然开始使劲捶打一个橡皮泥小人，一个扮演老师的孩子厉声呵斥让扮演小朋友的妈妈滚出去，一个喜欢粉红色的小姑娘不停地画满纸的乌云……这些都是值得警惕的信号。而另一类信号同样关键，比如玻璃球老师带着一堆花生米小朋友坐着飞毯去了山的那一边，他们看到了大海，又在山洞里钻来钻去……这些幻想里包含了丰富的内容，标注着孩子的智力、探索欲望、情绪感知的发展程度。好的父母不一定理解精准的含义，但如果他们在陪伴孩子玩游戏的时候付出了关注，而不是心不在焉的话，起码可以凭借父母的直觉判断出孩子的发展是否顺利，是否需要一个拥抱，又或者是否需要父母给予指导。

游戏里充满了象征性的语言

如果父母想更进一步了解孩子游戏的含义，那么可以去了解一下象征。游戏里充满了象征性的语言，那个拇指大的小石头是一条海盗船，而那片红色的枫叶是精灵的被褥，那个神气的小锡兵是弟弟，小汽车是我，我被埋到了沙子里。这种天马行空的表达，我们成年人只能在梦中才会拥有，但孩子可以在游戏中拥有。象征是孩子想出来的，但情绪是真实的。我们说游戏有疗愈作用，就是因为象征的作用。一个8岁的小男孩对弟弟的出生表现得很欢迎，他自己变得更乖巧了。但在游戏中，他弄坏了象征弟弟的小人，拼命敲打它，然后把它扔在地上。他清楚地告诉分析师，他不会对真正的弟弟这样做，他只会对玩具弟弟这样做。我们前面说过，所有重要的感情都是爱恨交织的，同胞之情也是如此，他们血脉相连、彼此深爱，但他们也相互嫉妒，争夺父母的爱。在游戏中，孩子通过象征释放了他的攻击性和恨，幻想伤害后他的心灵恢复了平衡，就如同泉水揭掉了恨的盖子，爱意才汩汩而出。这是克莱因理念中非常值得借鉴的部分。父母应该懂得，要求孩子完全压抑掉恨，只允许表达爱，就像给孩子的心灵套上了一个个沉重的枷锁，制造着懂事却疲惫不堪的孩子。纵容孩子不计后果地肆意发泄恨，是在毁灭孩子的人性。好的做法是引导孩子恰当地去表达，比如借由象征的游戏表达。

孩子不能没有游戏，就如同成年人不能没有梦。但我们所指的游戏，不包含电子游戏。从心理学意义上看，电子游戏最大的缺点，是缺乏对象征的创造性表达。在玩具游戏和同伴游戏中，玩具代表什么，同伴代表什么，其中丰富的象征和情节，都是孩子自己想象和创造的，和他特定的情绪状况紧密相连。但在电子游戏中，一切都是预设好的，它会限定孩子潜意识幻想的发展。电子游戏确实可以宣泄情绪，但对心理成长并无丰富的助益。

06 克莱因——儿童精神分析的又一领军人物，"客体关系之母"

　　游戏对孩子非常重要。克莱因甚至认为，如果一个孩子无法玩游戏，将严重抑制象征的形成和使用，抑制幻想的发展，会造成孩子心理成长的紊乱。在一个焦虑和碎片化的时代，父母需要小心警惕这样的苗头——当我们忙乱地用学习填满孩子所有的时间，给他唯一的娱乐就是电子屏幕的时候，孩子会有这样的迹象：终于可以玩的时候，却不会玩了，想不出无限的花样了，只缠着父母要手机。如果一个孩子不玩游戏，情绪和品质没有经过破坏和修复的洗礼，幻想没有得到过延展和克服，他的心灵就容易苍白和脆弱。面对各种打击时，他会更容易不知所措。

　　把游戏的时间还给孩子吧。游戏是孩子的天性，是孩子的权利，是孩子心理健康必要的营养，也是我们了解孩子、拥抱孩子内心世界的桥梁。

大师小传

克莱因的档案

姓名：梅兰妮·克莱因

性别：女

民族：犹太

国籍：奥地利

学历：维也纳大学

职业：儿童精神分析师

生卒：1882—1960

社会关系：父亲莫里斯·赖文斯，医生

母亲莉布莎，父亲的第二任妻子

丈夫亚瑟·斯蒂芬·克莱因，工程师、商人

座右铭：婴儿最早的现实完全是幻想性的

最喜欢的东西：精神分析

06 克莱因——儿童精神分析的又一领军人物，"客体关系之母"

最欣赏的人：亚伯拉罕

口头禅：我想，我们有正当的理由来假定

童年：甜蜜又伤心的小公主

1882年3月，在奥地利的一个小镇上，一对犹太夫妻迎来了一个粉嫩可爱的小女婴，这就是梅兰妮·克莱因。

父亲莫里斯这时已经50多岁了。不过他曾经是一个很神气的人。按照家族的传统和期望，他应该安心做个犹太教牧师，但他不愿意屈从命运之手的摁压，在37岁的时候华丽转身跑去学医，最终取得资质，成了一名牙医。世事往往如此，叛逆不仅需要勇气，也需要能力。莫里斯是个极其聪明的人，他不但是一个博学的医生，也是一个天才的语言学家，精通10种欧洲语言。在聪明这一点上，孩子们还是很崇拜这个老爸的。

母亲莉布莎只有32岁，她是莫里斯的第二任妻子。她年轻美丽，心地善良，并不乐意只是打扮得漂漂亮亮地做医生太太，而想有自己的生活和梦想。她开了一家小商店，卖各国的植物。后来莫里斯年老患病，是莉布莎挑起了家庭的担子，让全家人和睦舒适地生活着。梅兰妮对妈妈有深厚的感情，妈妈的平静、勇敢和责任心，让她深深感动和折服。

这个家里除了小梅兰妮，还有3个孩子，大姐埃米莉、哥哥伊曼纽尔、二姐西多尼。埃米莉因为是第一个孩子，爸爸偏爱得不要不要的，这让小梅兰妮气得牙痒痒。直到成年后，她仍然和大姐处理不好关系。

二姐西多尼却是梅兰妮生命中的天使。可是，美丽善良的小姑娘西多尼只活了9岁，她从小就患有肺结核，生命中的多半时光都在医院中度过。她非常爱自己的小妹妹，当哥哥姐姐欺负梅兰妮的时候，西多尼总是站出来保护妹妹。她知道自己活不久，就告诉梅兰妮，希望在死前把自己知道

的所有知识都教给妹妹。姐姐纯真美好又无私的爱,让小梅兰妮的童年甜蜜幸福,但姐姐的去世,又让5岁的小梅兰妮深受打击。这个美丽骄傲的小公主不仅此刻体会到了深深的伤心,而且终身都浸染着一种忧郁的气质。

哥哥伊曼纽尔继承了父亲的聪明,是一个才华横溢的少年,喜欢弹钢琴、写诗写文。还有一点也许也是来自父亲,那就是不屈从权威的叛逆精神。有一次父子俩在家中讨论歌德和席勒,由于一个是"歌德粉",一个是"席勒粉",俩人最后吵了起来。梅兰妮9岁多的时候,写了一首诗,哥哥看了很喜欢,兄妹俩的关系从此得到了缓解。

小梅兰妮想当医生,而要进医学院就要先进文科中学。哥哥精心指导她学习希腊文和拉丁文,帮助她顺利通过了考试。长大一点后,哥哥又把梅兰妮带进了自己的朋友圈,那是一个充满学术氛围的年轻人的友谊生活圈,启发她的心智,开阔她的学术视野。

哥哥之所以对妹妹的发展倾注如此多的心力,是因为自己的健康欠佳。伊曼纽尔患有风湿性心脏病,和西多尼一样,他知道自己活不长,于是希望尽自己所有,帮助有天分的小妹妹。他曾经写信给梅兰妮说,希望命运眷顾她,把从他那里夺走的美好时光补偿给她。25岁时,伊曼纽尔这个天赋出众的年轻人就去世了。梅兰妮再次陷入了悲伤。因为和父亲年龄差距太大,梅兰妮从小和父亲并不亲近,哥哥对她来说,如师如父。是哥哥教育呵护她,启发鼓励她,为她思想和学业的成长用心筹划。

在梅兰妮的心灵世界里,西多尼和伊曼纽尔都是最重要的客体。姐姐的关爱,哥哥的才华,融入了梅兰妮的血脉。失去他们的痛,淤积在心里,让这个美丽迷人的姑娘时时陷入忧郁。背负他们的期待,又成了她心里未了的情结,深感自己有义务去成功。这些都注定了她的未来不可能满足于做一个平顺幸福的家庭主妇,而必然成为一个搏击长空的苍鹰。

06 克莱因——儿童精神分析的又一领军人物，"客体关系之母"

走进精神分析：梦重新开始的地方

1899年，17岁的梅兰妮考入了维也纳大学。她原本的计划是学医学，但在这一年，一个聪敏勤奋的年轻人向她求婚。这个人叫亚瑟·斯蒂芬·克莱因，是哥哥伊曼纽尔的好朋友，苏黎世大学化工专业的学生。

梅兰妮被他的聪明和成绩打动，答应了他。在亲人们的祝福声中，为了未来的小家庭，梅兰妮把专业改成了艺术和哲学——医学学位需要近10年的苦读，而经营婚姻、养育子女同样需要一个女人这十年最精华的时间。梅兰妮后来回忆，订婚不久她就发觉这个婚约是个错误，但是家里的情况让她惶惑不安。爸爸病重去世，哥哥身体一直不好，姐姐的婚姻不顺利，如果自己再悔婚，这个家怎么办？少女的心事来来回回，让观者心疼动容。她懂事地顾念家人，却不知婚姻和学业，是人生最重要的决定。背离内心的选择在一念之间，修改起来却要花费一生。多年之后，克莱因功成名就，仍然念念不忘，如果有医生的背景，她的学说会更广为人知。

然而，每个女孩都是妈妈的女儿。梅兰妮也决心像妈妈一样，做一个负责任的妻子。1903年，梅兰妮和亚瑟步入婚姻的殿堂，此后余生，她都被称为克莱因夫人。

婚后的生活平淡乏味。亚瑟的工作不稳定，他们不停地搬家，这个城市待两年，那个国家待三年。在颠沛流离的日子里，克莱因很不快乐，她和丈夫之间，缺乏真正的爱情，也从未有过灵魂上的深刻吸引。一个漂亮姑娘，偏偏思想是严谨、理性的那一款，渴望学术性极强的头脑风暴而不可得。幸好还有孩子们，克莱因的女儿梅丽塔生于1904年，大儿子汉斯生于1907年，小儿子艾瑞克生于1914年。梅兰妮最大的乐趣就是和孩子们在一起，享受做妈妈的时光，她和孩子们的关系十分亲密。

1910年，克莱因一家在布达佩斯定居。这里有深深吸引梅兰妮的学术圈子，如春回大地一般，她28岁的生命迎来了新的生机。更让人兴奋的是当她翻开弗洛伊德的《梦的解析》时，立刻对书中的思想迷醉不已。这才是命运的真正含义——少年时候追逐的内心的渴望，爱或者与众不同，出人头地或者平安喜乐，名垂青史或者充满智慧，命运之神会记住我们的心愿，在合适的时候温柔提醒。梅兰妮收到了这个提醒，这一次，她再也没有让机会溜走。

1914年，欧洲笼罩在"一战"的炮火中，布达佩斯暂时还算平静。梅兰妮生下了她最爱的幼子，却又悲怆地失去了母亲，在生命的悲喜碾磨中，她找到了费伦奇——弗洛伊德在匈牙利的嫡传弟子，请他为自己做分析。分析持续了很多年。费伦奇是一个仁善又充满智慧的人，他发现梅兰妮是一个非常有天赋的人，特别是在了解儿童方面，于是鼓励她尝试儿童分析。

克莱因开始分析自己的三个孩子，特别是小儿子艾瑞克。她获得了很多洞见，比如儿童的潜意识幻想。她发现，5岁的艾瑞克生气发火的时候，把妈妈看成威胁要毒死他的女巫，而心情愉快爱着妈妈的时候，又把妈妈看作他想与之成婚的公主。他对妈妈的知觉，受自己情绪的影响，并且带有幻想的成分。克莱因发现，对孩子解释这一切，让幻想和现实平稳对接，孩子会免除很多痛苦。小艾瑞克终于明白，妈妈虽然坏，但不是女巫，不会毒死他，这让他不再害怕。

1919年，克莱因向匈牙利精神分析协会提交了她的第一篇论文《一名儿童的发展》，从此成了一个儿童分析师。此时，她的丈夫亚瑟决定去瑞典工作，申请成了瑞典国民。梅兰妮没有随行，但匈牙利越来越动荡的环境让人忧虑，于是她带着三个孩子去了卢森堡的公婆家。

1921年，柏林的亚伯拉罕——弗洛伊德另一个嫡传弟子——邀请克莱因去德国。于是克莱因带着孩子们来到了柏林。在柏林的5年，克莱因发明了游戏治疗的方法，解决了儿童精神分析的技术难题，深得亚伯拉罕赞赏，也吸引了远在伦敦的琼斯。他们不约而同地认为，克莱因的工作有着

06 克莱因——儿童精神分析的又一领军人物，"客体关系之母"

精神分析的未来。不幸的是，亚伯拉罕突然去世了。柏林的分析师们看不到克莱因思想闪耀的光芒，却忙着攻击她是个没有医学学位的外行，还和"公主"安娜·弗洛伊德的观点相左。支持她的只剩几个好姐妹，像霍妮、穆勒、亚莉克丝等。霍妮妹妹最义气，不但力挺克莱因，还真刀实枪地贡献自己的三个孩子给克莱因做分析。三个小家伙长大后说起这件事还十分生气，常常玩得好好的，就被克莱因阿姨抓到沙发上做分析，烦都烦死了。

克莱因的婚姻也摇摇欲坠，尽管夫妻两个人都努力修复、试图和好，但结果证明是徒劳。1926年，克莱因和亚瑟离婚，并应琼斯之邀，带着13岁的儿子艾瑞克赴伦敦。女儿梅丽塔也成了一名分析师，彼时她已经结婚，过了几年也和丈夫一起去了伦敦。而汉斯选择留在柏林。

伦敦岁月：学术成就大放异彩

此心安处是吾乡。就像阿德勒和霍妮适合美国，伦敦是克莱因的福地，是她学术思想成熟和光耀之地。

来到伦敦时，克莱因44岁，是她生命中最馥郁芳华的时候。她继续分析儿童，不断撰写论文，并在1932年出版了第一部书《儿童精神分析》，详细介绍了她开创的以游戏治疗为核心的儿童分析技术，并开始描述儿童内心世界建立的过程。

1935年前后，克莱因的研究推进到一个新的阶段，她提出了"抑郁位"这样一个崭新的概念，用来描述婴儿在整合好坏客体的时候，发展出的关心和内疚的能力。这是一个极具创造性的概念，有人高度赞美，比如温尼科特说，这个概念可以和弗洛伊德的"俄狄浦斯情结"媲美。但也有人极力反对，比如她自己的女儿梅丽塔。

梅丽塔对母亲的感情很复杂，她们有过非常亲密美好的时光，她还跟随母亲走上了精神分析师的职业道路。但是对这个美丽倔强的妈妈，梅丽塔似乎也充满了恨意。颠簸的童年，忧郁的妈妈，接下来又是父母的离异，妈妈时不时地抛下她，事业上妈妈黑云压顶般的光辉……这一切都在学术观点不同的掩护下爆发了。导火索是克莱因的一个论断，梅丽塔认为母亲对困难儿童的外在现实缺乏足够的重视，她的做法是在会场上厉声斥责母亲"在你的作品中父亲在哪里"，然后跺着脚咆哮着冲出了会场。对女儿的攻击，克莱因选择了沉默，但终生不再和女儿来往。梅丽塔后来去了美国，也始终不向母亲低头。克莱因去世的时候，梅丽塔正好来伦敦，她选择了继续去演讲，而不是参加母亲的葬礼。

对一个母亲来说，和女儿闹翻十分不幸，她的"小棉袄"绝尘而去，寒意从此永留心底。但更不幸的是，大儿子汉斯在一次登山中失事，年仅30岁。白发人送黑发人，其中的悲怆凄凉，唯有当事人最明白。

1938年，弗洛伊德全家来到了伦敦。克莱因和安娜的学术矛盾越来越激化了。左右为难的琼斯先生于是主持了那场著名的大论战，我们在安娜的部分已经提过。有趣的是，事后安娜和琼斯的友谊仍然正常维持，但克莱因几乎已经要和琼斯绝交了。在理智上，她可以理解琼斯的为难，但感情上，她无法原谅他不再完全支持她了。某种程度上说，克莱因比安娜更像是弗洛伊德的女儿，她对自己的观点具有根深蒂固的信心，并严厉地反击挑战者，这一点和弗洛伊德如出一辙。生活中，克莱因是一个宽容热心的朋友，但涉及精神分析，她就变成了一个苛刻的评判者，在会议上，她常常直言不讳，有时会让人尴尬。这种性格为她带来了大量的爱和仰慕，也带来了很多敌人。

1946年前后，克莱因提出"偏执-分裂位"，她的儿童心理观可以说完全成熟了，她自成体系，用"偏执-分裂位"和"抑郁位"的架构来解释心理机制。她和自己的追随者逐渐离开弗洛伊德，开拓了新的学派——

06 克莱因——儿童精神分析的又一领军人物,"客体关系之母"

客体关系学派。因为开创性的贡献,克莱因被誉为"客体关系之母"。

客体关系学派另一个重要级人物是比昂。比昂出身于英国贵族,8岁前都跟父母生活在印度,因此他的思想里有东方智慧的痕迹。回到英国后,他拿到医学学位,又师从克莱因四五年。比昂对客体关系理论有深入的拓展,提出了"容器"的概念,指出婴儿需要从母亲那里得到容器般的安全感,不管他的冲动和破坏性如何,他都能完好无损。容器能将内心的东西装起来,保护好。这个理论,对心理咨询的临床发展有重要意义,对如何做一个好妈妈也有很大的启发。其实,我们中国人常说的"女子本弱,为母则强"是在最朴素的层面和"容器"的思想心心相印。女性的情感敏感,容易焦虑和波动,但如果她成了一个妈妈,因为对孩子深刻的爱,她就很自然地拥有了一种放下自己的情绪、清空自己的情绪、专心包容孩子情绪的能力。当孩子的情绪来了,妈妈会关心关注他,甚至孩子心里无所明状、无法言说的苦闷,妈妈也可以感知、命名和开解。好妈妈是一个好容器。但如果一个妈妈心里装满了自己的情绪的时候,她就很难做一个好容器,很难感应到孩子的情绪,就只剩下了焦虑和暴躁。

克莱因—比昂的薪火传承,让客体关系成了精神分析的基石之一,教会人们如何重新养育一颗健康的心灵,哪怕是在咨询室里。

最后的时光:优雅地老去

克莱因是个富有生活情趣的人,就是朋友圈那种一周工作80个小时,也会精心打理自己的女人。她专门从伦敦去法国品尝葡萄酒,兴致勃勃地参加各种朋友聚会,也喜欢看电影、看戏。

她始终是一个爱美的女人,从美丽的小姑娘到美丽的老太太。朋友们常开的玩笑是:克莱因用心准备完论文后,会更用心地去挑选一顶帽子。

这样，当她在会议上宣读论文的时候，大家既能看到她美丽的思想，也能看到她漂亮的帽子。

有的女人美则美矣，毫无灵魂。有的女人则幸运地同时拥有美貌和灵魂，能够自信而优雅地老去，如同克莱因，如同林徽因。

晚年的克莱因，仍然是一个热情、充满活力的探索者。在她临终前的夏天，她告诉朋友们自己感到虚弱，医生说是劳累过度。朋友们不放心，带她去看另一个医生，结果发现是癌症。手术之后，克莱因还在孜孜不倦地工作，整理个案的病史，后来不小心从床上摔下来跌断了骨盆。

1960年9月22日，克莱因在病痛中去世，享年78岁。

克莱因是一个丰富多面的人，既敏感细腻，又坚毅果敢，同时具有丰富的想象力和足够的严谨，这让她的学说极具启发性和实用性。她点燃了客体关系的星星之火，在后人的发展下，最终成为帮助人们疗愈心灵的燎原之光。

致敬梅兰妮·克莱因，为她的坚硬美丽！

06 克莱因——儿童精神分析的又一领军人物,"客体关系之母"

大师语录

1. 婴儿早期的现实,完全是幻想性的。

2. 婴儿在生命最初几周,就有能力在母亲不在场的时候再现母亲。

3. 自我的力量能够在多大程度上得以维持和增强,部分地受到外部因素的影响,尤其是母亲对婴儿的态度。

4. 一个儿童即便是与母亲有着爱的关系,他依然会潜意识地抱有一种担心被她吞噬、撕裂或毁灭的恐惧。

5. 诚实地面对孩子,坦诚回答他们的所有问题,以及这些做法带来的内在自由,会对儿童心智发展有深刻且正面的影响,会让儿童免于思考的潜抑。

6. 小婴孩从一开始就同时在真实与幻想中形成了强烈的客体关系,这些关系被内化,形成人格的基础。

7. 婴儿吸吮母亲乳房,温暖的乳汁注入喉咙而充满胃的时候,婴儿体验到愉悦,而对不愉快的刺激和愉悦受挫的反应,恨与攻击的感觉,导向同样的客体——母亲的乳房。

8. 儿童的发展不应该被不当地干预，用享受和了解来观察孩子的身心发展是一回事，去加速它只是另一回事。婴儿应该被容许用自己的方式静静成长。母亲想要加快孩子进步的速度，通常是因为焦虑，这样的焦虑是干扰双方关系的一个主要来源。

9. 爱与恨的对抗，以及它们所引起的所有冲突，在早期婴儿期就开始了，而且一辈子都继续活跃着。

10. 能够真诚地体谅他人，指能够站在他人的立场上：我们认同他们。

11. 如果母亲有强烈的母性感觉，她可以保持毫不动摇的爱，有耐心、善解、适时协助、忠告，同时容许小孩自己解决问题。

12. 有许多人甚至不希望失去某些痛苦的经验，因为它们促进了我们的人格的丰富内涵。

13. 如果爱未曾被怨恨所扼杀，而是牢固地建立在心智中，那么对他人的信任，对自己良好特质的信念，会如磐石般稳固，而足以承受环境的打击。

14. 和我们自己维持良好的关系，是爱他人、容忍他人，以及理解他人的一个要件。

15. 嫉羡是一种愤怒的感觉，感到另一个人占有并享受着某种欲望的东西，嫉羡的冲动在于抢走它或者损毁它。

16. 爱的能力的一个主要衍生物，便是感恩的感觉，婴儿和母亲的特殊连接、享受，奠定了感恩的基础，使个体与他人融为一体的感觉成为可能，构成了人从各种不同来源体验到快乐的基础。

17. 如果没有充分建立感恩，几次慷慨之后，往往会非常夸张地需要感激，随之而来的结果是被耗尽和被抢夺的迫害焦虑。

18. 免于嫉羡的一种相对自由，就是在感觉上构成了满意与平和的心理状态，归根结底是一种健康的心智，事实上也是内部资源和恢复力的基

06 克莱因——儿童精神分析的又一领军人物，"客体关系之母"

础，有些人即使经历了巨大的逆境和心理痛苦之后，仍可以重新获得心灵的平衡。这类不带心酸的任命能力，获得享受的能力，都有其在婴儿时期的根源。

19. 一个人剥夺自己的成功，可能有很多决定因素，但是因为嫉羡而无法保留好客体，由此产生的罪恶感和不快乐是这种防御的最深层根源之一。

20. 焦虑分为两种主要形式，迫害焦虑和抑郁焦虑，前者主要联系自我的绝灭，后者主要联系破坏冲动，及对所爱内外客体造成的伤害。

21. 孩子对他损坏玩具的态度非常具有启示性，忽略也许意味着破坏恐惧，被他攻击的人变得具有报复性而遭遇危险。

22. 游戏表达的情绪是无限的：挫折与被拒绝、嫉妒、攻击、快乐、爱恨交织的情感焦虑、罪恶感、修复冲动。有时游戏的重点是生活中的次要事件，但对孩子来说格外重要，激起了他的情绪和幻想。

23. 内部孤独是普遍存在的，是渴求无法企及的完美内部状态的一个结果，某种程度上每个人都会体验到这样的孤独，它源自于偏执焦虑和抑郁焦虑。

24. 与母亲之间有一种令人满足的早期关系，意味着母亲与孩子的无意识有一种亲密的接触，这为最完整的受到理解的经验奠定了基础。渴望一种无言的理解，归根到底是渴望与母亲的早期关系。

07 温尼科特
——在安娜和克莱因之外的"独立学派"

温尼科特是一个活泼快乐又温暖如春的人,他孩子一样纯净的童真,灵动过人的才情,为我们理解生命提供了全新的角度,也为精神分析提供了丰饶的观点和无穷无尽的发展可能。

07 温尼科特——在安娜和克莱因之外的"独立学派"

如何养育一个快乐又懂事的小孩？
——攻击性和"客体使用"

生活中，有很多熊孩子。他们在餐厅和火车上大喊大叫，把洗手液倒在公共洗手间的地板上，抢别人的玩具，偷别人的零食，故意踩到水坑里溅别人一身泥点，把别人的香奈儿小羊皮包涂满口红，用篮球砸怀孕阿姨的肚子……这种破坏和攻击，已经恶意满满，很难用淘气、调皮来开解了。

和熊孩子相反的，是听话的孩子。他们很乖很安静，大人说什么是什么，不给大人添麻烦，自己做好所有事，还小心翼翼地冲大人微笑。从来不开口要东西，喜欢什么只是眼巴巴地看着。小朋友们踢球他不敢去，怕弄脏了衣服给大人添麻烦。大点的小孩指使他，他默默听从。对这样的孩子，有人心疼地感慨说："懂事的孩子最可怜。"

熊孩子和太懂事的孩子，都没养育好

用温尼科特的眼光来看，这两类孩子都没有得到好的养育，他们的攻击性没有得到正确的引导。人天生都有攻击性，在好的环境中，攻击性被整合到人格中，焕发出耀眼的生命力和创造力。养育好的孩子活泼自信、充满朝气，既彬彬有礼又坚强有力。他们遵守和大人的约定，又横冲直撞、愣头愣脑，用无穷无尽的想象力和大人斗智斗勇，坚决争取自己的权益。

然而，如果环境不够好，孩子的攻击性就会以破坏的、反社会的方式展示。就像不受控制的野火，蔓延下去会烧毁整片森林，他们在破坏和暴力中喂养自己的攻击性，甚至逐渐得到愉悦，最终演变成反社会的行为。小时候被叫作熊孩子，但如果一直熊下去，就会变成社会渣滓。而另一类孩子则把攻击性转向自己，他们极力地压制自己，以顾念他人、伤害自己为荣为乐。似乎自己的所有欲望都是不合理的，喜欢一块美味的蛋糕都羞于对大人启齿，觉得那是不懂事的表现。一直压制的后果将是，他们越来越缺乏活力，在干瘪的生活中麻木，同时心中常常充满怨恨。

我们当然都想要一个既快乐又懂事的小孩，不想要熊孩子和可怜孩子，可是我们应该怎么做？什么才是好的养育？

好的养育里，妈妈允许和接住婴儿的攻击

和克莱因一样，温尼科特也认为，小婴儿从出生那一刻心灵就开始发展了。但克莱因强调小婴儿的内心戏，而温尼科特则强调养育环境，强调在真实的世界里，小婴儿有一个怎样对待他的妈妈。当小婴儿还在妈妈子宫里的时候，妈妈就为他提供了一个身体意义上的小宇宙。出生后，妈妈

07 温尼科特——在安娜和克莱因之外的"独立学派"

同样为他提供了一个心理意义上的小宇宙。在心灵母体中,在妈妈的温暖"抱持"中,小婴儿的心灵才能发展起来。

每个婴儿都有攻击性。最明显的迹象是,做过妈妈的人都可以回忆起,婴儿会咬妈妈的乳头,有时候甚至咬得特别"凶狠"。再长大一点,小孩会拿着妈妈的手往火上放,又或者去咬。2岁之前的婴儿是"无情"的,他的成熟水平还不足以发展出"担忧"的能力,所以看起来是无情地使用着妈妈。这个时候,妈妈怎么接招就至关重要。想一想,妈妈可能会怎么做?

一种可能是,妈妈抱持婴儿的攻击,乳头被咬破钻心疼痛,但仍然坚持给婴儿哺乳。妈妈允许孩子使用自己,手指被咬只是柔声告诉孩子"很痛"。睡午觉被孩子翻眼皮,顺势睁开眼陪孩子玩。温尼科特说,全能自恋的小婴儿,原本以为妈妈是自己随意创造、毁灭和再创造出来的,但在母子反复过招中,他逐渐惊讶地发现,原来她是另外一个人,就像神奇女侠——她被攻击后会受伤,但竟然不会被毁灭,能幸存下来继续爱宝宝。这种奇妙的体验,如灵性之泉缓缓地流过孩子的心田,慢慢萌生出关于爱与真实的小嫩芽,他因为爱妈妈学会了担忧。在这个过程中,他的攻击性得到了充分的表达与抱持,而妈妈的爱得到了考验。

另一种可能则是,妈妈在孩子的攻击中崩溃或者报复。乳头被咬后,妈妈愤怒地推开婴儿,从此拒绝哺乳;或者狂扇婴儿耳光"叫你坏!敢咬我!",婴儿因此会陷入极度的恐惧。这时候要看运气,如果其他环境因素也很差,婴儿的心灵可能再也无法健康萌芽。如果还好,婴儿会被迫启动天性中应对危险的防御机制,提早适应环境,压抑攻击性,尽量避免使用客体。我们在生活中看到很多人,宁肯自己难死,也无法开口请人帮一个无关紧要的小忙。他们小时候是"懂事"的孩子,长大后是"爱面子"的大人,本质上他们就是对客体使用极度恐惧的人。

好了,现在孩子2岁了,假设在妈妈的温暖抱持下,他体验了攻击和幸存的美妙，知道了妈妈是另一个人，发展出了担忧的能力。一切都很顺利，那么接下来为什么有的成了好孩子，有的成了熊孩子呢？请看温大师的熊孩子养成指南：

熊孩子养成指南

1. 缺乏规范。温尼科特认为，破坏性是尚未被关系规范过的攻击性。我们常说，熊孩子背后一定有熊父母，有些孩子的养育者缺乏社会规则意识，缺乏对他人的基本尊重，所以他们纵容甚至引诱自己的孩子去践踏规则，去伤害他人。这样的养育者，如果不是极其愚昧无知，就一定是和孩子有仇，因为长远看，他们伤害的是自己的孩子，是在精心打造一个反社会人格，是在把孩子往监牢里送。

2. 锁在恶劣行为里的希望。更多时候，孩子表现出恶劣的行为，不是真的坏，而是一种求救信号。孩子陷入心理危机，比如缺爱，体验到剥夺，或者伤心失望不知所措的时候，他们需要父母的帮助，但自己不知道，或者无法用语言来表达，只好变"坏"，偷窃、攻击……做出种种让人头疼的事情吸引父母注意。"熊"的背后，是孩子一声声无助的呐喊：请爱我，请帮助我！刚上学的孩子，刚迎来弟弟妹妹的孩子，常常有这些状况。这个时候，对老师和父母来说，最重要的是"接住"孩子的攻击，是理解他、抱持他、信任他，给他时间成长。

3. 对爱的确认。有的小朋友在外面是天使，在家是恶魔。在外面好乖好可爱，绝对不是熊孩子。在家里却任性自私，又哭又闹，而且谁对他最好，他就最爱欺负谁。温尼科特把这个形容为"只有体验到了被恨才相信被爱"。

这是一个很绕的心理过程，我们尝试去从孩子角度描述：好的我，坏

07 温尼科特——在安娜和克莱因之外的"独立学派"

的我,加起来才是真实的我。你爱好的我,那么坏的我呢?当我坏的时候,你能看到、约束和惩罚我,同时接纳我,我就知道了自己最可恨的时候,你也不会抛弃我,我们的关系便仍然是稳固和安全的。此外,你有恨的能力——这种能力是对我边界的保护,我无须自己忧心哪些该做,哪些不该做,这让我免除了焦虑。

但是,如果当我坏的时候,你不敢看到我身上不可爱的地方,我就不敢再在你面前做真实的自己,因为你接不住。你不敢恨我,我就不知道我们的关系是否牢固,你害怕它被恨冲垮,我也害怕。你没有恨的能力,不敢约束我,我就不知道自己身上坏的部分是否真实,同样也不知道可爱的部分是否真实。

恨是一种能力

爱是一种能力,恨也是一种能力。我们需要引导孩子去区分爱和恨,学会把攻击整合到人格里,这就需要练习安全地表达攻击性。"二战"期间,温尼科特曾经和一个9岁男孩生活过3个月,这个男孩最早是逃学,在接纳的环境中安全感恢复了一些,不再逃学了,开始夸大地呈现攻击性。强烈的攻击激起了温尼科特的恨,他是怎么做的呢?他没有压抑和掩盖自己的恨,而是把男孩抓到门外,用平和真诚的语气告诉这个熊孩子:刚刚发生的事情让我恨你,但是你如果还想进来,只要按一下门铃。男孩知道自己会被重新接纳,他一旦从疯狂发作中恢复正常,就按那个门铃,而生活重新继续。男孩后来成了一个出色的少年,这种爱恨交织的、真实稳固的关系给了他充足的安全感。

孩子比我们想象得更通情达理,他们非常乐意拥有稳定的环境,稳定的关系,稳定的契约。孩子做错事的时候,如果父母不是心血来潮地为所欲为，而是安全地表达恨，按照商量好的方式来惩戒，孩子是非常乐于接受的，他们并不会因此受伤，反而获得一种脚踏实地的安全感。就像我们古代哲人孟子说的"恻隐之心，人皆有之；羞恶之心，人皆有之；恭敬之心，人皆有之；是非之心，人皆有之"，这些孩子都是懂的，当他心里的"是非"和父母的反应契合的时候，他反而免除了焦虑，得到了安全。而不分青红皂白地一味溺爱，反而让孩子焦虑害怕，不知道这个无底洞的底在哪里。当一个人在反社会人格的无底洞里陷得太深，从中体会到愉悦的时候，爱和教育就失效了。

所以，不管孩子是从哪个方向走到了熊孩子或可怜孩子的路上，父母都应该检讨自己的养育方式。

孩子的游戏和他们心爱的玩具
——过渡客体和过渡空间

绘本《阿文的小毯子》讲了一个温馨的小故事：阿文有一个心爱的小毯子，走路、吃饭、睡觉，和小朋友们玩，阿文都要带着它。有小毯子陪着阿文，他心里就很安稳，也不会整天都黏着妈妈和爸爸。但是，他慢慢长大，上小学了，仍然不能离开小毯子。爸爸妈妈和阿文想到一个好办法，把小毯子剪下一块做了一块手绢，这样，阿文就可以带着他的"小毯子"去学校了。

这个故事让人会心一笑，几乎每个孩子都曾经有过自己的"小毯子"——一只脏兮兮的小熊，一件旧衣服，一个玩具……父母都知道它有多重要，孩子只有带着它才安心，妈妈允许它很脏，有气味的时候也不去洗。感谢父母的直觉，因为父母的直觉呵护了孩子柔软的心灵。

孩子的小心灵和大千世界之间，桥梁叫作"过渡空间"

因为"小毯子"是过渡客体——这是温尼科特发明的一个很重要的概念，重要到安娜·弗洛伊德说"过渡客体征服了整个精神分析世界"。虽然安娜一直很nice，评价里有鼓励后辈的意思，但这个概念确实很重要，因为它弥补了精神分析的一个尴尬的空白。

从弗洛伊德到克莱因，大家一直默认，心灵里最早只有本能和潜意识幻想，就像《彼得·潘》里的永无岛，可是这样一个世外小桃源，是如何和真实大世界连起来的呢？多年来，大家都心照不宣地、轻描淡写地随便说几句，好像每个人都有条武陵人的小渔船，随便走走就到了。

而温尼科特明确地搭了一座桥：过渡空间。这是一个神奇的地方，它一头连着真实的外部世界，一头连着小婴儿的内心世界。这个空间介于幻想和现实之间，既是主观的，又是客观的，既和妈妈融合在一起，又和妈妈分离了。

过渡客体是过渡空间中的典型代表。商店里有很多一模一样的小毯子，但对阿文有特别意义的，只有那一个，阿文为独有的那一个赋予了自己的意义。小毯子是客观的，但意义上它又属于阿文的主观世界。过渡客体是孩子从妈妈那里独立出来的小帮手，可以代替妈妈的陪伴，这样我们可以理解，为什么孩子睡觉的时候，会格外需要它，因为它在那里，就像最初的最初，孩子吸吮妈妈的乳房入睡一样安心。过渡客体不一定是实物，有时候也可以是一首儿歌，甚至是一个小仪式。如我们所知道的那样，过渡客体寄托着孩子童年饱满的依恋，但它最终的命运却必然是逐渐受到冷遇，小毯子做的手绢有一天会丢失，脏兮兮的小熊有一天会被丢到角落里，孩子长大后，过渡现象会慢慢变得弥散，不再仅仅依赖那个小熊和小毯子。

07 温尼科特——在安娜和克莱因之外的"独立学派"

孩子的过渡空间里，是迷人的游戏世界

新发展出来的过渡空间里最普遍的是游戏。对安娜来说，游戏是换取儿童合作的敲门砖；对克莱因来说，游戏是窥视儿童心灵的窗户；对温尼科特来说，游戏是儿童最重要的过渡空间。温尼科特非常重视孩子的游戏，他认为，游戏本身就是疗愈。

在游戏中，孩子可以去发泄他的恨意和攻击性。我见过几个10岁男孩在公园玩枪战，他们在树林石头之间翻滚，用水弹打树叶，但还是觉得不满足，于是决定每人轮流扮演靶子5分钟。他们戴好护目镜在枪林弹雨中抱头鼠窜，玩得不亦乐乎。在这个过程中，他们的攻击性得到了淋漓尽致的挥洒，彼此之间却变得更加亲厚友爱。

在游戏中，孩子体验充实丰富的生活。正如成年人在工作和生活中体验到人格的发展，孩子在游戏中充实自己，体验到外部真实世界的丰富多彩。两个小孩拿着树枝砍砍杀杀，绕着小水洼追来跑去，但他们在心里已经经历了一次诺曼底登陆战。三个小孩就开始有了权力分配和争夺。游戏的输赢，一次次的失败、伤心、埋怨、归因、被排挤、合作、重新开始……都是对孩子的历练。情景是象征性的，但情绪和情感的发展是真实的，在游戏中充分释放恨和攻击让孩子更宽厚，充分表达挫折和悲伤让孩子更勇敢，无拘无束的潜意识幻想让孩子生机勃勃。就这样，孩子的心性在游戏中一点点变得成熟，自然地实现着情绪的发展和人格的整合。

游戏是孩子的秘密花园，是孩子对精神之乡的依恋，也是孩子对未来的准备。剥夺了孩子的游戏就是剥夺了他们的温暖、创造力和生命力，这一点父母们一定要明白。

孩子长成大人后，过渡空间的桥梁仍然在那里，只不过形式发生了变化。除了偏艺术气质的人，成年人很少再去漫无目的地幻想和游戏，但他们仍然保留一种介于客观和主观之间的精神生活。比如有的人习惯在繁忙

的工作间隙，安静地喝一杯咖啡。喝咖啡本身是客观的，但如果和"片刻清闲""独自发呆"等主观化的体验结合在一起，就变成了一个过渡空间。同样的还有听心爱歌手的演唱会，和朋友定期聚会、旅行等。我们用不同的方式去体验生活，滋养自己的精神，这也是重视生活质量的表现。

07 温尼科特——在安娜和克莱因之外的"独立学派"

足够好的妈妈才能养育出健康的孩子
——成熟过程和促进性环境

温尼科特有一句名言"从来没有婴儿这回事"。他认为妈妈是一个环境，是孩子成长最重要的环境。妈妈要"足够好"，孩子才能长好。

一个足够好的妈妈意味着什么

怎样才能做一个"足够好"的妈妈呢？

有一句流行的话说"我钦佩一种父母，她们在孩子年幼时给予强烈的亲密，又在孩子长大后学会得体的退出"，这和温尼科特的思想不谋而合，而且温老师还细细地告诉了我们，在孩子成长的不同阶段，如何亲密，如何退出：

小婴儿从出生到几个月，是完全依赖妈妈照顾的。好妈妈和婴儿此时是一种完全的亲密，陷入一种神奇的状态，温尼科特称之为"原初母爱贯注"。一团娇嫩的小婴儿不会说话，只会哇哇大哭，但妈妈很自然地从别人听着一样烦人的哭声中，知道他饿了、他尿湿了、他想要我抱。妈妈怎么知道的？没人清楚，总之千百年来，妈妈就是知道。妈妈和婴儿似乎仍然融合在一起，就像过去的十个月那样，妈妈完全适应婴儿的需要，甚至浑然忘了自己，这就是"原初母爱贯注"。如果爸爸是个巨婴，这个时候就会很郁闷，因为他觉得自己被冷落了。有很多文章教育妈妈这时不要忘了关心爸爸，这是胡闹。因为妈妈只有处在"原初母爱贯注"状态，才能让宝宝身心健康发展，也才能让自己进入母亲角色。如果她无法成功获得这种与婴儿混在一起的体验，她就会觉得抑郁甚至隐隐有恐惧，而不是生命相逢的欣喜。我们应该教的是爸爸，当妈妈忘我地抱持婴儿的时候，爸爸应该去照料"母—婴"单元，就如同动物界雌性抱窝时，雄性要负责觅食和巡逻一样。

婴儿从几个月到2岁左右，是相对依赖的，妈妈要逐渐恢复到适度亲密。婴儿逐渐意识到妈妈是另一个人，自己需要妈妈照顾，但客观上依赖慢慢减少，最重要的标志就是断奶。而妈妈，也神奇地从"原初母爱贯注"状态中逐渐恢复，宝宝哭了，她不再第一时间冲上去喂他了，而是慢吞吞地洗奶瓶。她知道宝宝已经聪明到可以理解，洗奶瓶的声音就意味着食物马上来临。妈妈通过自然的延迟满足和适度的服务失败，让婴儿体会到了"幻灭"——原来我不是全能的，原来世界不是我创造的，更不会以我的意志为转移。幻灭是有价值的，它帮助婴儿形成对世界的真实感，其实我们的整个人生都是在幻觉和幻灭中进进出出的，婴儿期的练习让我们十分习惯这一点。幻灭是婴儿来到真实世界的一扇门，但幻灭的时间和节奏很重要，这再一次地要依赖于妈妈的直觉。如果婴儿已经过了绝对依赖阶段，妈妈还紧紧抓着他不放，就妨碍了婴儿的成熟，妨碍了他自然地发展出过渡空间的能力。如果妈妈太早放手或者完全放手，婴儿的发展突然中断，在被剥夺中就会形成巨大的创伤。

07 温尼科特——在安娜和克莱因之外的"独立学派"

2岁后,孩子开始趋向独立,开始迈着小短腿奔向精彩的世界。妈妈的责任就是慢慢地、一点点地放手,不能太快,也不能太慢,要根据孩子的节奏和意愿,一点点来。妈妈的放手并不意味着"终于完成任务了,我可以自己去玩了",而是不包办孩子在特定年龄需要自己完成的任务而已。妈妈对孩子,始终需要一种"抱持"。

妈妈对孩子永远的"抱持"

在自己人生的舞台上,我们每个人都是威风凛凛的主角。但当我们成为妈妈的时候,一个重要的能力就是甘愿当抱持孩子的"环境"——在孩子的人生大戏开幕之时,我们是舞台、灯光和观众。孩子越小,我们越要抱持。小婴儿需要在妈妈的抱持下,一点点看到自己,一点点发展出独立的人格空间。

妈妈和婴儿互相注视,婴儿在妈妈脸上看到喜悦,由衷感到自己是个愉快的孩子,是个好孩子。当婴儿慢慢有了一些自发动作,妈妈开始充满欣喜地关注孩子,并为孩子提供一个自我可以在其中自由发展的心理空间,这些似乎如此自然不起眼,但又是如此重要,是一个人最初的生命基调。我们这一生心灵状态是温暖的,悠闲的,安宁的,劳碌的,紧绷的,苛责的……都在这里落下第一个音符。

如果妈妈不投入,人在孩子身边,心心念念的却是明天的报告、和老公的吵架、喜欢的包包,她心不在焉,反复错过迎合孩子的动作,反而给出自己的表情和动作。孩子就被迫把自己的需要放在一边,去感知和理解妈妈的心境,而自己的感觉却得不到感知了。孩子在很小的时候就被迫发展出一个虚假自体,小时候努力迎合妈妈,长大后努力迎合别人,他的一生都将非常辛苦。而能被妈妈真正看到的孩子是幸福的,他学会去看,并且能够看见，就像自己的妈妈一样。

做一个"足够好的母亲"，如果按温尼科特的标准，很多人都是不合格的。其中有很多客观的困难，妈妈产假结束后要上班，全职妈妈的压力很大，社会的氛围很焦虑，巨婴爸爸很多……我们呼吁全社会对客观困难的重视，同时也指出一些主观的不足，比如很多妈妈还没有意识到生命最早期对孩子有多重要。有的妈妈把很小的婴儿送回老家，等上学才自己带。事实上，孩子越小越需要妈妈，上学时他已经基本成形，反而是妈妈要逐步抽身放手的时候了。尽管艰难，但母性中自有一种力量，那是一种自我牺牲保护孩子的本能，它不应被吹捧和绑架，但应当被滋养和呵护。

07 温尼科特——在安娜和克莱因之外的"独立学派"

大师小传

温尼科特的档案

姓名：唐纳德·伍兹·温尼科特
性别：男
国籍：英国
学历：大学
职业：儿科医生、儿童精神分析师
生卒：1896—1971
社会关系：父亲，商人、市长
　　　　　　母亲，忧郁高雅的妻子和母亲
　　　　　　第一任妻子艾丽斯，神经质的艺术家
　　　　　　第二任妻子克莱尔，社会工作者
座右铭：去游戏，去梦想，去创造，这是最严肃的事儿
最喜欢的事：草地上打滚、爬树、音乐、绘画……太多了

最欣赏的人：孩子

口头禅：从来没有婴儿这回事

少年：富足、自由、快乐的生活里也包含着忧伤

1896年4月，在英国丹佛的普利茅斯，温尼科特家迎来了他们的小儿子，取名为唐纳德。

这是一个富有的中产阶级家庭。父亲作为成功的商人、市长，为家人带来了优渥舒适的生活。此外他还是一个智慧、风趣又有威仪的长者。唯一的遗憾就是他太忙碌，和孩子们相处的时间不多。母亲是个优雅高贵的女人，她深爱着自己的孩子们。

除了妈妈，小温尼科特还有2个姐姐、1个保姆、1个女教师、1个常来住的姑姑。她们都温柔地爱着他，所以小温尼科特常常开玩笑说这群人是"我的妈妈们"，他从小就拥有一种深厚的安全感。

更难得的是，小温尼科特有很多自由。家里很大，他可以随意在屋子里、花园里尽情玩耍和探索。对于学术和思想，父母也给了他好的引导和自由。有一次他问父亲关于宗教的问题，他父亲说："听我说，孩子，你去读《圣经》，体会《圣经》上说了什么，然后自己决定你要什么。信仰是自由的，你不必相信我的想法。自己做决定，只管读《圣经》就行了。"后来温尼科特描述自己"始终庆幸我成长期的教养是允许长大脱离的"。

如果有一件事完美得不像真的，那多半就不是真的。小温尼科特完美无瑕的生活中，有一个最大的不完美，那就是妈妈的抑郁。当妈妈陷入抑郁的时候，她就完全变了一个人，就像一棵死去的树，毫无生机，再也无力护佑自己心爱的小孩。爸爸工作忙碌不在家，阳光小孩只好瞬间长大，

07 温尼科特——在安娜和克莱因之外的"独立学派"

扮演起"妈妈"的角色，照顾她，治愈她，费尽心力让她露出微笑。

9岁时，快乐的、满溢着爱与善的小男孩突然厌烦了，他对着镜子说自己太友善、太讨人喜欢了，决定变坏孩子。他开始淘气，成绩变差，不过只折腾了一阵子又认命地回来了。他就是那种非常快乐的男孩，他享受着生命中的各种事物。

1910年，14岁的温尼科特被送到了莱斯学校寄宿。离开家的少年，在新学校过得如鱼得水，一如既往地活力四射，没课的下午，他会跑步、骑车、游泳、玩橄榄球、参加童子军、交朋友、唱歌，还会每天晚上给寝室的男孩们读故事。他常常写信回家，每一封信都满是快乐，向家中每个人致上他的爱，包括女仆和猫。

职业志趣也开始萌芽，有一次玩橄榄球温尼科特摔断了锁骨，被送到了学校的医院，想到自己这么帅的一个人有一天会躺在病床上任人鱼肉，小温尼科特有点烦恼。加上他原本就是达尔文的粉丝，爱《物种起源》爱得如痴如醉，想来想去，不如长大后当医生好了！

当上儿科医生：自由浪漫快乐的气质，医生也可以有

1914年，18岁的温尼科特进入剑桥的耶稣学院攻读医学。他仍然十分贪玩，人生最重要的目标是过得开心，玩得愉快，所以他的学业成绩平平，但很快成为社交聚会的焦点。他热爱音乐，能唱男高音，课余时间他到医院帮忙，帮的最大的忙是周六晚上在病房唱滑稽的歌曲，逗得病人们很开心。

很快"一战"爆发，他的学业被迫中断。1917年，他加入皇家海军担任见习外科医生，在一艘驱逐舰上服役，直到大战结束。他医术平平，给妈妈写信时自嘲道，他唯一的作用就是士兵们写信给他们自己的妈妈时，

可以说船上有个医生。

1918年战争结束后,他在伦敦的圣·巴塞洛缪医院继续培训,两年后取得执业资格。他遇到了很多优秀的老师,对他影响最大的是霍德医生。霍德强调详细记录个案史的重要性,温尼科特从这位优秀的前辈那里学到:医生要认真倾听病人以理解疾病,而不仅仅是关注症状。

1919年,一次偶然的机会,温尼科特读到了《梦的解析》,弗洛伊德的洞见让这个年轻的医生激动不已,他立志在英国推广精神分析,似乎找到了医学之外的一项新使命。温尼科特看到了弗洛伊德的伟大之处,在自己圣人般完美的父亲之外,他又找到了一个理想化的父亲。但温尼科特最可贵的地方在于,他对权威既有发自内心的尊敬亲近,又永远不会盲从。多年后弗洛伊德到了伦敦,温尼科特专程去拜访。他多次表明,自己的观念是弗洛伊德学派的产物,非常赞赏弗洛伊德开创的科学方法,但他并不认为弗洛伊德说的每一句话都是对的。

时光匆匆,很快来到了1923年。对温尼科特来说,他人生许多最重要的事件都从这一年肇始。

这一年,他在伦敦定居,成了一个儿科医生。他先后在几家医院工作,最后来到帕丁顿·格林儿童医院,未来40年,他都在这家医院度过,直到退休。作为儿科医生,他总共给近六万母婴进行了诊疗,获得了大量临床经验。他发现,很多儿童的临床症状,像遗尿、焦躁、湿疹并不是身体故障,而是无奈的小朋友解决情感冲突的办法,是孩子保护自己的一种手段。人们都知道,温尼科特医生和别的医生不一样,他从来不忙着开药,而是花很多时间亲切地和父母聊天,孩子的各种情况他都有兴趣知道。父母喜欢他,孩子们更喜欢他,总是愿意对他说出心里话。温尼科特的同事曾经说过一句有趣的话"不是他理解孩子们,是孩子们理解他,因为他是他们的一员"。温尼科特曾经邀请同事们观摩自己的治疗,大家担心会打扰他,但事实上几分钟后,温尼科特和小朋友就都把别人忘了,他们沉浸在自己的世界里,把无聊的大人们抛诸脑后。总之,他是一个成功的儿科医生。

这一年,温尼科特娶了艾丽斯·泰勒。新郎27岁,新娘31岁。艾丽斯是个奇怪的姑娘,她工作的地方是物理研究所,但热爱的是艺术,她喜欢画画、制陶、雕刻和演奏音乐,是个典型的文艺女青年。这个长相甜美的姑娘,有一张天使般的脸庞,她还有着漂亮的蓝眼睛和金色的头发。他们的婚姻有迷人的地方,俩人神仙眷侣一样,一起演奏音乐,乐在其中。可是,成家立业后,总要面对真实的生活。温尼科特精疲力竭地工作,同时费尽心力地照顾长不大的妻子。而艾丽斯沉湎于做一个美丽幽怨的小女孩,用哀伤的语调说着诗一样的语言,比如城里的花儿比乡村败得早之类的。日常生活中,她也如在梦中,开车的时候会不经意地睡着,吃饭的时候也是如此。艾丽斯并不同情丈夫的辛苦,反而十分怨恨,认为丈夫被工作杀死了。这段婚姻持续了26年,旁观的朋友才盼到他们离婚,朋友们觉得乖戾患病的艾丽斯耗尽了温尼科特的青春,不离开这个女人他会死掉。

这一年,婚后不久的温尼科特,因为感到压抑开始做分析,分析师是斯特拉奇。温尼科特是一个活泼生动又温暖的人,他觉得自己严谨刻板的分析师很"冷血"。但奇怪的是,他一忍就是十年。真是一个谜,也许就像他难以结束消耗他的婚姻一样。

步入精神分析:重要的是好玩和说真话

1927年,31岁的温尼科特开始接受精神分析训练。1935年,他取得了儿童分析师资格,并宣读论文《躁狂与防御》,指出心神不宁的儿童无法用游戏应对焦虑,于是体现在了行为上,这是在向外界求助,因此论文其成为英国精神分析学会的正式会员。

当时儿童精神分析界的领军人物是安娜和克莱因。温尼科特是偏向于克莱因这一边的，他充分看到了克莱因理论的价值，曾请求克莱因为自己做分析，但女王大人因为十分欣赏小温同学的"暖男"气质，所以要求他给自己的小儿子艾瑞克做分析。这样一来，她就不能给温尼科特分析了，所以推荐了自己的闺蜜琼·瑞维尔给他。1936年开始，温尼科特跟瑞维尔分析了5年，对她"中立"和冷淡的风格十分不满意，思想上也相左，瑞维尔是克莱因学派的中坚，关注内在攻击性和幻想，而温尼科特更关注真实的母婴互动。两个人的龃龉中，温尼科特自己的思想和技术，诸如温暖、卷入和自我限制等更加凸显出来。

克莱因虽然不给温尼科特做分析，但同意给他做督导，1935年到1941年，温尼科特从克莱因这里学到了很多，包括幼年和童年的理论基础、内在世界、幻想和原始贪欲等。克莱因的"抑郁心位"也启发温尼科特后来提出"担忧的能力"，他一度被认为是克莱因学派的新锐中坚。女王写给他的信，也是温情满满，大有引为心腹爱将之感。

但是，温尼科特就是温尼科特，他是永远追逐自我的"小飞侠"。在他的世界里，成就和荣誉永远比不上好玩和说真话。克莱因的理论里，他选择喜欢的部分赞美，而不喜欢的部分，他直言反对。他认为相对于婴儿自己的幻想，真实的母婴互动更重要。他和女王的关系，也逐渐变得微妙而复杂。

"二战"期间，英国为了保护儿童，启动了一个疏散项目。温尼科特担任了这个项目的精神病学顾问，监控工作人员对孩子的护理。这项工作让他更深刻地认识到，和母亲分开，对孩子的心灵来说是多么大的创伤，"达到了熄灭情感的地步"。他得出结论说，真正的成长只能来自对环境的信任。在新环境里，儿童哭闹甚至表现出反社会行为，是对失落和被剥夺作出的恰当反应，说明他还抱有希望。反而那些默默顺从的孩子，已经彻底绝望。孩子的心灵，需要一种连续感，需要稳定的爱和照顾。

07 温尼科特——在安娜和克莱因之外的"独立学派"

在安娜和克莱因的大论战中,温尼科特坚持自己的思想和结论,他和"独立学派"的小伙伴们认为,真理永远比站队更重要。然而坚持自己是有代价的,安娜疏远他,克莱因敌视他,两派在儿童精神分析界轮流执政,但都不用他,都不理他。温尼科特的表态是"我从来也无法跟随任何其他人,甚至弗洛伊德也不行"。好吧,他就是这样一个"吾爱吾师,吾更爱真理"的人。

温尼科特发展出了很多属于自己的真理,比如广泛流传的"从来没有婴儿这回事",突出强调婴儿在母婴互动中才能成长。比如"足够好的母亲"和"促进性环境",强调对婴儿需要的适应是母亲的责任。比如"反社会倾向是求救信号",强调孩子做出让人生厌生恨的行为,是在呼喊环境的关注和帮助。

温尼科特也发展出了属于自己的治疗风格。和分析界一贯的冷淡旁观风格不同,他强调说"治疗从根本上意味着照料",治疗师要像足够好的母亲一样,抱持和照顾病人。从弗洛伊德到克莱因,都强调解释,认为揭露病人的潜意识给他听,他就会疗愈。而温尼科特认为,重要的是关心和体验。病人被治疗师抱持,体验到他之前缺乏的父母之爱,就像在咨询室重新养育一样,人格就会慢慢成长。

黄金时代:美满的婚姻和名满天下的事业

"二战"后,温尼科特迎来他的黄金时代。他的思想如此光华晶灿,让世人不得不注意。他不再是一个愣头愣脑的年轻人,而是一个真正的、沉淀丰厚、风华泱泱的学术大家了。英国精神分析学会不得不承认他的卓越贡献,他不但常年带领学会的儿童部门,而且两次被推选为学会的主席。

开启这一切的，首先是美满的恋情和婚姻。1943年前后，温尼科特在疏散项目中认识了克莱尔·布里顿。这个姑娘比温尼科特小10岁，出生在英格兰北部的一个小镇，长大后在伦敦受训做了一名社会工作者，主要从事儿童和青少年方面的工作。和柔弱忧郁的艾丽斯不同，克莱尔是个聪颖坚毅的姑娘，温尼科特十分欣赏她。两个人最初是单纯的工作关系，但渐渐的，他们萌生了不一样的情愫。她对他的欣赏和支持，让他得到了两性之间最美好的滋养，那是他从艾丽斯那里未得到过的。1946年，他写信给她说"你对我的影响使我热衷于此而且多产……当我与你分开时，我觉得所有的行为和创造力都瘫痪了"。尽管如此，他仍然无法下定决心离开艾丽斯，直到1949年父亲去世、自己重病，生死大难之中，他才下定决心，结束第一次不幸的婚姻。1951年，55岁的温尼科特迎娶了45岁的克莱尔，从此幸福地度过了后半生。他俩是同事，是密友，又是玩伴，都有一颗晶莹的童心。克莱尔是能看见他、滋养他的那个人。

在妻子的精心照顾下，温尼科特焕发出了巨大的生命能量。他著作丰硕，《儿童与家庭》《从儿科学到精神分析》《家庭与个人发展》《成熟过程与促进性环境》等重要的著作都写在此时，还有大量他去世后出版的著作，如《游戏与现实》《小猪猪的故事》《抱持与解释》《人的本性》等也都是在这个阶段写就的。对儿童精神分析的方方面面，他提出了自己极富洞察力的创见，"过渡空间"、"虚假自体"、攻击性、成熟过程等概念和理论在专业领域引发了深刻的共鸣。更难能可贵的是，他愿意做大量心理学科普的工作，广受各方邀请演讲，致力于宣传把精神分析应用到其他职业中。他在英国国家广播公司的系列谈话，集结成《儿童、家庭和外部世界》，7年内重印了5次，至今仍然十分畅销。他的语言通俗、真诚、优美，被誉为"精神分析的诗人"。

温尼科特的治疗技术也越来越炉火纯青，尤其是他的游戏治疗技术。他发明了压舌板游戏和涂鸦游戏。他把一个发亮的金属压舌板放在桌子边

07 温尼科特——在安娜和克莱因之外的"独立学派"

上,小婴儿们看到了,都欣然拿来放在嘴巴里咬,敲打,或者塞到妈妈嘴巴里,从中获得无穷的乐趣,这给温尼科特了解他们提供了线索。涂鸦游戏则是画画,温尼科特自己参与进去,他画一条线,让小朋友添上几笔变成一个东西,然后是小朋友画,温尼科特添。画着画着,聊着聊着,小朋友的潜意识就全都冒出来了。而最重要的是温尼科特把自己放在小朋友的高度,陪他们漫无目的地玩,让真情自然流淌出来。温尼科特在68岁的时候,治疗过一个2岁多的叫"小猪猪"的女孩,应她的需要,他扮演她的小婴儿,坐在地板上大发脾气,把自己叫作温尼科特小婴儿。等她3岁多,心智已足够成熟,在治疗中他才开始坐在椅子上。这就是温尼科特的风格,如他自己所言,婴幼儿的潜意识是完全绽放的,直到他们慢慢长大,才收拢成花苞。和孩子们真正在一起,互相拥抱,互相看到,孩子才能得到支持和养育。这正是他游戏治疗的真谛。

最后的时光:愿我死时是生机勃勃的

晚年的温尼科特,在英国赢得了广泛的赞誉。他自己是学术泰斗,但从不以权威自居,对后辈总是温情抱持和养育。被他督导的分析师都感觉到一种被确认和鼓励的安心。他甚至鼓励后辈督导自己,殷殷爱护之心,让人动容。

1968年,温尼科特去纽约演讲,受到了尖锐的批评。美国当时是自我心理学的天下,觉得客体关系的学说简直离经叛道。在演讲现场,他们疯狂地围攻这个70多岁的老人,但温尼科特却就势把这个场景解释成了活生生的"攻击"和"存活"。纽约人呆立在那里,许久才感到醍醐灌顶。温尼科特很不适应美国,他得了流感,又犯了心脏病,一度住进了重症监护室。过了很久才痊愈回国。

结束的时间到了。在最美的黄昏，也许每个人都想象过夕阳落下的那一刻是什么样子。温尼科特想的是"愿我死时是生机勃勃的"。幸运的是，他有一个理解他的妻子。当他在草地上打滚，踩着自行车把手飞驰，用手杖踩油门，爬树的时候，她尽管担心，却没有逼迫他停止，而是告诉自己"这是他的生命，他必须活出他的生命"。

在最后的晚上，他先看了一部喜剧，然后和妻子讨论另一部电影，接着他们像小孩子一样在地板上睡着了。当她醒来，发现他已经在睡梦中辞世，享年75岁。

温尼科特是一个活泼快乐又温暖如春的人，他孩子一样纯净的童真，灵动过人的才情，为我们理解生命提供了全新的角度，也为精神分析提供了丰饶的观点和无穷无尽的发展可能。

致敬温尼科特，为他生命的精灵！

07 温尼科特——在安娜和克莱因之外的"独立学派"

大师语录

1. 从来没有婴儿这回事。本质上,婴儿是某种关系的一部分。

2. 照顾宝宝是妈妈天生就会做的事情,自然而然就知道该怎么做,而且做起来得心应手。母婴之间的亲情联结,正是儿童养育的精髓和本质。

3. 孩子越少的家庭,亲子关系中的情感张力就会越强烈,而投入精力养育独生子女,这是最为豪杰的事情,好在这项任务只会持续一段时间。

4. 妈妈在养育过程中一定要有能力乐在其中,否则整个育儿过程就会是死板、无用、机械而又缺乏情感的。

5. 每个宝宝都有他自己的一种发展潜能,他们鲜活而独特,绝对不能被一视同仁或者一成不变地对待。

6. 宝宝会自己长大,作为妈妈,你只需要提供适合他长大的环境就好,而你不可能像做裙子和绘画那样,去培养和造就一个孩子。

7. 越是繁荣复杂的人情世故,越是始于简单质朴。

8. 一个妈妈能够做到精巧细致地去适应宝宝的需要,而不是按照自己的知识和意愿去强迫宝宝,这个事实就表明妈妈是一个活生生的人,要不了多久宝宝就会感谢这一事实。

9. 宝宝哭泣，代表着他满足、痛苦、愤怒、悲伤。在婴儿期和童年期，没有什么其他感受，能比真实自发的从悲伤和内疚中复原，更美妙了。

10. 幸福的人，既能在现实中牢牢站稳脚跟，立足于实际，又能保有童真和好奇心，享受浓烈的深情。

11. 两岁、三岁或四岁的孩子们，其实是同时活在两个世界中的，我们大人和孩子共享的这个世界，同时也是孩子自己想象出来的世界，这样孩子才能强烈而热切地体验这些世界中的内容。

12. 早期关系中，妈妈从大千世界里专门挑出一小块范围，分享给她的小宝宝，一方面她注意让这世界够小，才不会让孩子感到混乱，另一方面，她又能让这一小块儿世界渐渐增大，去迎合孩子日益增长的享受世界的能力。

13. 宝宝爱上的第一件东西，一块小毯子，或者一个柔软的玩具，对婴儿来说，这些东西几乎就是他自己的一部分，所以要是它被拿走了，或者被洗干净了，那结果将会是一场灾难。

14. 出于母爱，为宝宝所做的所有事情，都像食物进入宝宝身体那样，也进入了宝宝心里。

15. 完整事件才能让宝宝有把握时间的感觉，因为他们不是天生就知道一件事情开始了，还会有个结束。只要帮助宝宝对事情的开始和结束有坚定的感觉，我们就能享受（或者觉得不好时，就能忍受）事情的中间过程。

16. 只有确实曾经拥有过一些东西，才能够放弃它们。我们没有办法让人们放弃那些他们从来都不曾真正拥有过的东西。

17. 只有世界满足婴儿在先，才能让婴儿慢慢走出来，适应这个世界。

18. 一切美好的事物都会结束。结束成全了事物的美好。

19. 我把妈妈的工作称为幻灭宝宝的过程，妈妈先是给了宝宝一种全能感幻象，这个世界是可以被宝宝自己的需要和想象力加以创造的。接下来她就要带着宝宝经历幻灭的过程，这也是一种广义的断奶。

20. 孩子的顺从，其实是为了得到父母立即的奖赏，而父母就会想当然地把这种顺从误解为是孩子长大了或懂事了。

21. 给幼儿强加一种是非观念，会导致一个严重的麻烦，那就是会致使幼儿的本能冲动如影随形，并使幼儿的力量变得更加软弱和敏感脆弱。

22. 每个小孩天生有权利拥有自己的小小地盘，也有权利每天占用母亲和父亲一段时间，这是小孩理所应当得到的，而且在小孩子的地盘上他说了算。

23. 孩子对于父母之间的关系状态是非常敏感的，如果父母之间真实关系的发展是亲密的、温暖的，孩子是第一个知道并感激这一事实的人，孩子也会通过变得少出问题、更知足、更好养活，来表达他的感激。

24. 爸爸需要给予妈妈道德和精神上的支持，要为妈妈的权威撑腰，要成为妈妈在孩子生命中所植入的律法和秩序的代言人。

25. 正如成年人的人格进一步通过生活体验得到发展一样，孩子们通过自己的游戏，也在发展自己的人格。游戏持续证明了创造性的存在，那代表着一种鲜活的生命力。有能力玩游戏是情感发展健康的标志之一。

26. 潜意识的真诚，在婴儿身上是全然绽放的，然后就随着成长一点一点收拢为待放的花苞。

27. 在追溯偷窃的根源时，我们总能发现，那个小偷需要的是重新建立起他与世界的关系，而基础就是重新找到奉献于他、理解他、愿意主动适应他需要的那个人——妈妈。

27. 我们对人性进行透彻思考的能力，很容易就被恐惧阻碍了，我们害怕发现人性全部的含义。

28. 在教育方法中，没有什么比单用成绩来评估更能误导人的了，这种成功可能没有任何意义，只表示孩子找到了应付某个老师或某个科目，甚至整个教育体系的最简单的方法。

29. 只有体验到了被恨，才能相信被爱。

30. 治疗在根本上意味着照料。

08 科胡特
——创建自体心理学，为精神分析提供了时代新视角

  虽然生活在现代，却像古希腊的先哲们一样，拥有人性和智慧所有的灿烂光辉。他开创的自体心理学，在深层的人性上，在时代的需要上，提供了让人信服的理解纬度，为精神分析的发展注入了新鲜血液。他所倡导的共情，为人类世界描绘了最温暖的底色。

08 科胡特——创建自体心理学，为精神分析提供了时代新视角

亲爱的，外面没有别人，只有自己
——自体和自体客体

希腊神话中，有一个叫纳西塞斯的美少年，对爱慕自己的姑娘们，他一个也瞧不上，伤透了她们的心。后来他看到了自己在水中的倒影，惊为天人，心痴神迷地爱上了它，每天坐在水边不眠不休地欣赏，直到死去。爱神怜惜他，把他变成了水仙花，永远临水自照。

像水仙花一样的自恋者，只能看到自己

现实生活中，我们的自恋可能一点都不比水仙花少。一个清秀的姑娘在朋友圈连发9张自拍，别人看起来一模一样，而她自己可以品味出其中丰富而微妙的差异。而另一些自拍者，恋恋不已的不仅是自己的容颜，还有更深的存在感。比如，在飞驰的火车前自拍，在悬崖边自拍，在泰姬陵前自拍，在驾驶飞机时自拍……

我们每个人都有一定程度的自恋，但极度自恋的人，却是一个可怕的存在。因为在他心中每一刻都只有自己，别人只是实现他自恋的工具。在谈话中，他会滔滔不绝地讨论自己，几乎每一句话都以"我"开头，而无法拨出一点点注意力去关注别人，你甚至无法在他连绵不断的语流中找到一个可以插话的句号。有时他也会耐下心来听你说话，但目的不是关心你，而是在更合适的时候绝地反击，夸耀自己的成就和观点。对他来说，生活中大到道德问题，小到选什么颜色的墙纸，自己都永远正确，所有言行的出发点和落脚点都是自己。值得注意的是，夸大自己和受害者人格，在极度自恋者身上，往往是一枚硬币的两面，他会一边炫耀自己在各方面都胜过你，另一方面却剖白自己很惨很柔弱你必须好好照顾他，他可以不给你任何的情感回报，但你必须对他倾心付出，不然就是麻木和冷漠。

弗洛伊德认为，病理性自恋无法治愈，因为无法"移情"。一个人总是强迫性付出，总是被强势的人虐，或者总是朝三暮四，都有法儿治，因为他们总有一天会在治疗室"移情"，把同样的模式拷贝到自己和治疗师之间。但病理性自恋不能移情，他所有的惊涛骇浪、悲喜荣辱，都绞缠在自己心里。在他模糊不清的目标道路上，从未有人真正走到他的心里，也就从未有人真正与他同行。

每个人都曾是最自恋的婴儿

科胡特的研究，从治疗自恋者开始，但他越走越远，提出了一个所有人都拥有的心理机制：自体和自体客体。

什么叫自体？当你早上起来在镜子里看到自己的时候，当你晚上听着喜爱的音乐心潮起伏的时候；当完成一项工作，众人在欢庆，你走上楼顶，望着璀璨灯火，默默燃起一支烟的时候；当你匆匆忙忙，加班赶路，应酬各色人等，内心却突然浮现一个想法"这不是我想要的生活"的时候，你都触摸到了自体。

每个人内心都有一个自体，它是我之为我的原因。很多时候，我们的一切努力都是为了维护它，这时我们也可以把它叫作自尊。它很坚强，同时也无比脆弱。小时候，在喜欢的人面前，同学们叫一声外号，我们就会尴尬得想钻地缝。长大后也没好多少，老板在会议上的怒喝，让我们羞愧得抬不起头。想到明天要上台发言，更是紧张得辗转反侧，听众会嘘声一片吗？他们会在心里耻笑我吗？许许多多的场景里，我们焦虑和害怕的，不是失败和损失，而是对我们自体的羞辱和自体的破碎感。

为什么轻微的尴尬就可以让我们体验到自体破碎的感觉？科胡特说，婴儿生来就有一种"原发性自恋"，渴望完全控制妈妈，就像成人渴望完全控制自己的身心一样。这种自恋注定要受挫，因为这从来不是世界和生活的法则。当妈妈服务不完美的时候，婴儿会暴怒。养育过孩子的父母都知道，最早小婴儿饿了，你在水温和比例中纠结，不能立刻给他冲好奶粉时，他会大哭，哭得肝肠寸断，哭得人手足无措。但随着他的成熟，他会慢慢有点耐心。虽然我们长大后，对无法控制的事越来越有耐心，但完美控制一切渴望的残存，还是会让我们时不时地有受挫感。

自体客体带我们走出婴儿自恋，形成一个健康的自体

婴儿的心灵，是怎么从原发性自恋中走出来的呢？科胡特说，因为孩子的爸爸妈妈做了一件非常好的事情——他们扮演了孩子的自体客体。这个词的意思是，他们是客体，是独立于孩子之外的人，但他们又是能代替孩子执行功能的人。对孩子来说，他并没有和爸爸妈妈完全分化，有些部分他独立了，有些部分他还使用和依赖着他们，仿佛他们是他的一部

分。比如说，一两岁的小孩需要父母帮忙穿衣服，他们就像他的手。三四岁的小孩可以自己穿衣服，但他需要父母拿来食物，他们还是像他的手。心灵也是一样，最早爸爸妈妈可以代替孩子感受和思考，比如妈妈对5个月闹着出门的小婴儿说"宝宝，天太冷了，宝宝会冷，要加一件衣服才能出去"，她是在代替他感受，然后孩子从中学会感受。可是，他5岁时如果妈妈再这样说，他就会对小朋友吐槽了："有一种冷，叫作妈妈觉得你冷。"5岁时，在感觉冷暖这部分，他已经独立和分离了，不再需要和妈妈混在一起。养育，就是爸爸妈妈一步步从自体客体中抽离的过程。

恰当的养育，让孩子在原发性自恋基础上，形成对自体健康的爱——积极的、有创造力的心理力量，或者说是一种恰如其分的"自恋"。这是一种美好的感觉，让我们在爱别人的时候，也爱着自己。我们钟情于别人，满心满眼地欣赏他，但自己并未卑微到尘埃里，而是同样愉快地欣赏着自己，在两个人之间构筑成熟的亲密关系。在上面的表述中，这个别人，也可以替换为他物。我们热爱自己的事业，无比陶醉，但也不把自己置于奴隶的地位，不会强迫性地消耗和压榨自己。在恰当的自尊中，工作不是苦役或毒品，而是真心的享受和成就。

而不恰当的养育，则让孩子停留在原发性自恋中。如果父母不能扮演孩子的自体客体，比如妈妈只能感受自己的感受，却无法代替孩子感受。屋子里很冷，妈妈因为刚刚活动过，身体很热，她脱掉自己的外套，也脱掉了孩子的外套，理由是很热——完全无视屋里很冷，孩子在打瞌睡，小手冰凉。对善于当妈妈的人来说，这种事情简直不可思议，但这个例子确实来自于我们所观察到的事实。爸爸妈妈不能感受和回应孩子，结果是孩子也逐渐成为一个不能感受别人感受的人，自私、自恋而不自知。除了忽视，另一种不恰当的养育是溺爱。父母不给他们一丁点挫折，婴儿时送到口中的食物始终及时、可口，逐渐长大后所有的需要，包括不合理的请求立即给予满足。孩子没有机会确立自己的边界，也没有机会来到真实世

08 科胡特——创建自体心理学，为精神分析提供了时代新视角

界，始终停留在你我不分的原发性自恋状态，这是一种奇怪的状态，因为他既不爱别人，事实上也不爱自己。

那么，怎样的养育才能帮孩子形成健康的自体呢？科胡特认为，一个人的自体发展，有三个重要的机会，我们将依次介绍。

母亲眼中的光彩
——镜映

婴儿的核心自体，要在自恋基础上发展出成熟的自爱，遇到的第一个机会，就是爸爸妈妈的"镜映"——爸爸妈妈像镜子一样，照出孩子原本就有的美好模样。

婴儿在妈妈眼睛里看到自己

婴儿在妈妈眼中看到自己的存在，在妈妈的回应中确认自体的真实。资料显示，5～8个月的小婴儿如果身边环绕着心怀欣赏、友善的成年人，他就会兴奋地踢着小胖腿，不停挥舞小胳膊，满满的小得意和愉悦。现实生活中的观察也是如此，我们常说小孩是"人来疯"，在大人的关注中，小孩子兴奋得觉都不睡了。

对看到和回应的渴望，不是小孩子独有的。事实上，成年人也一样。

08 科胡特——创建自体心理学,为精神分析提供了时代新视角

泰戈尔说"爱情的别名,是理解和体贴",在亲密关系中,如果缺乏看到和回应,再深厚的感情也会慢慢失去活力。一个焦虑唠叨的妻子和一个冷漠逃避的丈夫,很难再体会到爱情那美妙又熨贴的陪伴,可是他们并不是因为缺少爱,只是没有一个好习惯——看到和回应的习惯。蒋佩蓉女士在她的书中介绍,她维护幸福家庭的一个奥妙,就是在家庭成员之中明确"爱的语言",当我难过的时候,我需要的"爱的语言"是一个拥抱,而你难过的时候,需要的"爱的语言"是一杯红茶。我们事先说好,按照规则来执行就好了。也许我那时候并不想要一个拥抱,但这个拥抱让我知道你看到了我的难过,让我知道你在努力地理解我,这对我很重要。其他场景中又何尝不是如此,一个成绩中等、不功不过的孩子,一个努力工作、独当一面的员工,如果收不到任何来自老师或上司的反馈,他需要多少心力才可以克服这种"自生自灭"的感觉呢?

无反应的环境,即是绝境。这是人类普遍的体验。科胡特说,婴儿的攻击力并非天生的,只是在无反应的环境中产生的暴怒而已。这是一个相当大胆的观点,如前所言,弗洛伊德认为,性欲和攻击的本能是一切的基础,但精神分析发展了一百多年后,到科胡特这里,性欲和攻击都被否定了。

和孩子的心灵在一个频道上,孩子才能真正被看到

父母对孩子的回应,也有质量的差距。好的回应是同调的,父母的心灵和孩子的心灵在同一个频道上,亲子之间涌动着会心的理解和包容,饱含了真实的欣赏和赞许,如科胡特所说的"母亲眼中的光彩"。孩子最初的自体有夸大的成分。他们会披上妈妈的旧毛衣,假装自己是超人,会伸出幼弱的小胳膊秀肌肉,会想出一道数学题后就认为自己是聪明的一休。

对孩子的夸大自体，妈妈要听从自己的直觉，接纳孩子的夸大，让他享受这种充满力量的幸福感，但不必推波助澜。举一个简单的例子，当一个孩子旋风一般喊着"我是超人"跑进房间，砸碎了花瓶，弄得满地是碎片和水的时候，如果妈妈说"宝宝，你好棒，你真的像超人一样所向披靡"，那她一定是疯了；如果妈妈大怒说"你在干什么？什么超人，我看你是欠揍"，那也十分不妙，孩子所有的幸福感和力量感会顿时化为虚无，涌上心头的只有害怕和羞愧。而如果妈妈平静地说："超人先生，你带来了水灾和陨石，我们急需抹布小姐和扫帚先生救援！"，这就是同调的反应，孩子得到了接纳，而非纵容。

我们需要记住的是，我们一生都需要镜映。对一个平凡的学生来说，老师一句说到心坎里的鼓励，会影响他的一生。对一个忙碌的妻子来说，丈夫一句"你辛苦了"，会让她脸上焕发出神采。对一个倾力付出的妈妈来说，孩子一句感谢，会让她一生无悔。对一个员工来说，一句精准的点评和赞美，会让他充满抱负和激情。镜映是一种能力，它的底色是关心和爱。

不含敌意的坚决，不含诱惑的深情
——理想化的父母

好父母真正考虑孩子，坏父母假装考虑孩子

什么叫不含敌意的坚决？设想一个常见的场景：小朋友想买一个玩具，但很贵，妈妈觉得不该买。这时候妈妈会怎么做？

有的妈妈盘算了又盘算，决定省下自己一个月的菜钱，满足孩子的愿望，因为她不愿委屈了孩子。显然这是溺爱，和"坚决"风马牛不相及。

有的妈妈怒急攻心，板着脸骂孩子："你怎么那么不懂事！你不知道家里穷吗？你不知道我有多不容易吗？你是个坏孩子！不懂事的坏孩子！"坚决是坚决了，但包含敌意，在妈妈内心深处，已经把孩子视为剥夺自己的阶级敌人了。

不含敌意的坚决，是这种画风："妈妈知道你喜欢，但是它太贵了，妈妈买不起。"很简单对吗？但有时候简单地陈述事实，对很多父母来说，是一件超困难的事儿。在孩子的经验里，创伤与恰到好处的挫折只是

程度上的差别。这个不同点在于一个母亲严厉地喊"不！"，而另一个则是温柔地说"不"。或者说这个不同点在于一个是令人恐惧的禁止，另一个是具有教育意义的经历。

有的妈妈是另一种画风，包含着诱惑。比如"喜欢是吗？你听妈妈的话，就给你买"或者"想要这个，行啊，考到前三名就给你买"。用孩子喜欢的东西操控他，让他服从自己的意志。最可怕的是，还标榜是为了孩子好。"你必须听我的，我才会爱你"，这种信念让亲子关系中的深情荡然无存，一切变成了交易。

不含诱惑的深情，是父母抛弃了自己的立场和利益，站在孩子的角度，鼓励他成为他自己。

科胡特说："一个功能良好的心理结构，最重要的来源是父母的人格，特别是他们驱力需求的能力。"

孩子成长中，需要理想化的父母

做好父母并不容易，我们同时需要两样东西：自己完善的人格和回应孩子的能力。两个都做到，才能成为理想化的父母。

年幼的孩子，需要理想化的父母。当婴儿的原发性自恋一再受挫，婴儿终于明白，自己不是全能的，没法掌控这个世界，就会继而把全能的希望寄托到父母身上。是爸爸妈妈拿来了奶瓶，里面有食物，原来他俩才是全能的呀！两三岁的小孩因为妈妈没法让雨停下来而哭闹不休，正是基于这样的信念：爸爸妈妈是全能的。

随着孩子的长大，对父母的理想化会从两方面给孩子滋养。一方面父母身上的品质，可以让孩子钦佩、景仰，并内化成自己的超我。比如一个镜映不足的妈妈，虽然错失了孩子自体发展的第一个机会，但她聪明、果断、敬业，就带给了孩子第二个机会。孩子可以通过理想化妈妈，把妈妈身上的品质认同过来，让自体发展起来。反之，如果妈妈既镜映不足，又酗酒、软弱，在职业抱负上毫无建树，就很难给到孩子理想化的机会。理想化父母的另一方面是亲子关系，"如果你爱我，就别为了什么，除非是为了爱而爱"，父母可以无条件地爱我吗？当我需要的时候，他们会在那里守候吗？还是会把我拒之门外？他们会真正关心我吗？如果孩子在关系中得到确认而非溺爱，即父母用不含敌意的坚决、不含诱惑的深情来对待他，他也就拥有了深切的自体感和安全感。

理想化父母最初必须在场，但慢慢地孩子会把他们内化，即使父母不在身边，即使父母有一天故去，他们所给予孩子的精神财富也会永远留在孩子心里。

一个5岁的小男孩，学习溜冰，虽然不断摔倒，让他膝盖青紫，自尊心受挫，但在爸爸妈妈的鼓励下仍然坚持学习。有一天幼儿园老师带小朋友们去滑冰，小男孩回家后心情不好。妈妈看到了，和他聊天。小男孩眼泪汪汪地说"自己无法站住，很丢脸"。妈妈和他聊天讨论可能是什么原因造成的，因为他之前溜得很好，小男孩难过地说"你们当时没在那里看着我"。

这个小男孩还太小，他已经能从理想化父母那里得到自体的滋养，但理想化父母的内部影像还不稳固，所以他需要父母现实地在场。所以我们也看到，为什么很多父母要去观看孩子的橄榄球比赛，从不错过孩子的演讲、辩论和演奏会……直到他们青春期觉得父母出现太尴尬，因为父母明白，孩子那一刻需要他们在场。

随着孩子的长大，一方面理想化父母会被他们彻底内化，另一方面他们也彻底明白，父母不是全能的。要求父母全能，是婴儿式的幻想。遗憾的是，在我们的时代，很多人仍然有这种幻想，觊觎父母用有限的养老金为他们解决人生的所有难题。

我要成为一个像他那样的人
——孪生需求

如果说妈妈的镜映接纳，在生命的最初三四年，给了孩子形成健康自体所不可或缺的基础，对父母的理想化，在接下来的三四年，培育了孩子的核心自体发展的无限潜能，那么再接下来，我们还有一次机会来发展自体，科胡特称之为"孪生需求"。

人生得一知己足矣的心理机制

这是一个很深也很古老的理念——当我知道有人和我一样，我并不孤单的时候，我就会有一种确认和满足。科胡特描述为"总体上的相似性，在做好事和做坏事的能力、情绪、姿态和声音上的相似性的基础上有作为'人'的感觉。"

对于这个表述，我们中国人有个更简洁美好的说法："人生得一知己足矣"。高山流水，心意相通，不仅是得到了一个朋友，更多的是在对方身上看到了自己，使我们拥有了彼此流动的生命能量，也拥有了对自己的确认，拥有了自体的真实感。就如同《红楼梦》中，宝黛初会，黛玉大吃一惊，心里想"倒像是在哪里见过的，何等眼熟！"宝玉更是直言道"这个妹妹我曾见过的"。在灵魂的意义上，他们如同孪生，我懂你，你懂我，对方说出来的话像是从自己肺腑里掏出来的一样。我像爱自己一样爱你，我像爱你一样爱自己，这种感受，恰恰是通向客体爱的桥梁。

我们永远有机会决定自己心灵的发展方向

对一个孩子的自体发展来说，他会有许许多多的机会来获得一个孪生客体。一个小女孩也许没有在常常吵架的父母那里得到足够好的养育，但她会在陪着奶奶择菜、揉面、蒸蛋糕的过程中，或者跟着爷爷浇花、散步，给小狗洗澡的过程中，获得对养育和照料的认同。她在祖父母偏向宁静闲适的生活节奏中，得到了一种意味深长的滋养。这个小女孩也许会长出一个温柔又有能量的自体，这显然得益于她的祖父母。

更多的孪生客体也许在家庭之外。一个小男孩崇拜自己的老师——一个博学、聪颖又慈爱的人——小男孩会模仿他的一切，他说话的样子，他学习的科目，他为人处世的方式，甚至他的发型。即使小男孩来自一个糟糕的养育环境，但这个好老师的存在，就如同一个灯塔和路标，指引着孩子沿着这个方向走，动力就是"我要成为一个像他那样的人"。

甚至有时候，我们会在艺术的世界中找到自己的孪生客体。当我们在想象的人生困境中挣扎的时候，读到爱丽丝·门罗的《逃离》，当我们在备受人生的重击陷于绝望的时候，读到海明威的《老人与海》，会有一种泪流满面的相知感和安宁感，原来我并不孤单，在这个世界的某个角落，有人和我一样。在现实层面，这对解决我们的困境无济于事，但在心灵角度，这是我们自体成长的重要滋养。这就是文学艺术的魅力。

我要成为一个像他那样的人。在我们人生的各个阶段，也许我们都曾悄悄发出这样的誓愿，不断寻找那片相同的树叶。也许我们最终没有成为他那样的人，但在生命的某个阶段，对我们自体的小树苗来说，他们就是太阳和雨露，给了我们无尽的能量。

这实在是一件非常美好的事。孪生客体的存在，让我们明白，不管过去多么糟糕，不管人生的进度条已经推到哪里，我们永远有机会选择自己想要成为的那个人，选择自己想要的生活方式。这是自体的使命，也是在世为人的真谛。

08 科胡特——创建自体心理学，为精神分析提供了时代新视角

■ 大师小传

科胡特的档案

姓名：海因兹·科胡特

性别：男

民族：犹太

国籍：奥地利

学历：大学

职业：教授、精神分析师

生卒：1913—1981

社会关系：妻子贝蒂·迈耶

座右铭：不含敌意的坚决，不含诱惑的深情

最喜欢的事：工作

最崇拜的人：弗洛伊德

口头禅：要共情

命运的契机：悲痛的年轻人和偶像的交汇

1913年，科胡特出生在维也纳。他是一个犹太人的孩子。对于他的童年生活，我们知之甚少，只知道他像很多出色的犹太少年一样，选择了医学作为自己的职业。

1937年，24岁的科胡特遇到了他人生中的一个重大打击，他的父亲患淋巴癌去世，年仅49岁，可以算得上英年早逝。丧失至亲让这个年轻人十分悲痛，他迟迟不能走出这个阴影，只好选择了心理治疗。这个独特的契机，让他最终走进了精神分析的世界。

1938年，25岁的科胡特从维也纳大学毕业，拿到了医学学位。同时他接受了艾克·霍恩的分析。科胡特对精神分析的理念和方法十分激赏，也因此十分崇拜弗洛伊德。当时德国已经入侵奥地利，纳粹的阴云弥漫在整个维也纳。弗洛伊德也被迫出走，在安娜的主持下举家迁往伦敦。科胡特站在月台上，向自己的偶像和精神导师注目挥手，弗洛伊德也摘下自己的礼帽向这位年轻人作最后的挥别致意。

对科胡特来说，这是一个极富意义的历史时刻。多年之后，中年的他还多次向学生讲起这一幕。也许刻入科胡特心里的，不仅是那一刻的仪式感，而是那种薪火传承的肯定意味，仿佛冥冥之中的命中注定。我们明白了弗洛伊德对科胡特意味着什么，才能更好地理解当他离开经典精神分析，放弃驱力理论，在自体心理学的路上披荆斩棘的时候，他所感受到的精神张力和献身真理的勇气。从某种意义上说，这才是弗洛伊德留给世人最大的精神遗产，而科胡特是优秀的继承者。

08 科胡特——创建自体心理学,为精神分析提供了时代新视角

曲径通幽:从经典解释到深刻共情

1939年,奥地利的形势日益严峻,纳粹对犹太人的迫害有增无减。科胡特被迫离开祖国,去了伦敦,后来又辗转来到了美国芝加哥。科胡特立志于投身精神分析工作,从1942年到1946年,他接受了4年的分析,次年又申请到了芝加哥大学医学院精神病学助理教授的职位,从此正式投入精神分析的怀抱。彼时他34岁。

1948年,科胡特和贝蒂·迈耶结婚,两人感情甚笃,一生岁月静好。

科胡特是一个性格温和、睿智勤勉的人,是一位感性的精神分析家,同时也是业余的音乐家、历史学家。从业20多年,他勤勤恳恳地用精神分析的经典技术和理论治疗患者,取得了非凡的成就。1963年到1964年,他担任芝加哥精神分析协会主席,1965年到1973年,他担任国际精神分析协会的副主席。1971年他还开始担任弗洛伊德档案馆副馆长。事业上稳扎稳打,春风得意,生活上安静恬美,对大多数人来说,这已经是完满的一生。可是,科胡特并不沉湎于已经得到的一切,他追寻的,从来都是真理。

在治疗病人的过程中,科胡特逐渐有了不同于弗洛伊德的看法。

他曾遇见一位女病人,按照经典精神分析的理论,他向她解释了她的恋父情结,结果病人暴怒,坚决拒绝这个解释。科胡特按照对付"阻抗"的办法继续解释,病人更加暴跳如雷,差点把咨询室拆了。科胡特没有放弃,他决定尝试一下,将自己十多年训练的理念全部放下,不是从一个医生的角度,而是从一个人的角度,去听病人说话,去看她心里到底发生了什么。结论是,这是一个从小不被关注和理解的小孩,她的想法从不被悉心聆听,总是被随意误解。所以咨询师刻板的解释激起了她的情结。科胡特从此发现了共情的力量和解释的不足。

共情,意味着进入另一个人的内心中感其所感,意味着理解一个人自

己感受到但无法用语言表达的心灵颤动。这种能力在科胡特身上表现得几近完美。

有一次,科胡特接手一位严重的人格障碍患者,在早期治疗"蜜月阶段"一切都还好,但治疗进入关键期后,这位病人出现了负性移情,把科胡特代入成一个自己很讨厌的人。虽然科胡特治疗很适当,但病人跑到各种心理治疗的专业场合说科胡特的坏话。这种几近诽谤的行为持续了几年,但科胡特始终包容,坚持共情病人的内心痛苦,最终慢慢修复了病人的人格障碍。科胡特认为,有人尝试了解和参与我们精神生活的环境,才能理解我们心理的存活和成长。这也是他一生坚守的理念。

捍卫真理的勇气和隐忍:自体心理学时代

在临床实践的基础上,科胡特在1971年写出了《自体的分析》,这是一部深刻优美的作品,他背离了经典精神分析驱力的概念,代之以无反应环境、镜映、共情等概念。

这下捅了马蜂窝。在英国,客体关系学派已经蔚然成风,但在美国,精神分析仍然坚守着经典学派和自我心理学的堡垒,而且两种学派内部斗争得特别厉害。殊不知认知疗法和人本主义学说的兴起,已经夺走了精神分析的半壁江山。

芝加哥精神分析学会认为科胡特的理论离经叛道,取消了他的督导师资格。很多道统先生视科胡特为"恶魔",视他的治疗观点为邪恶。在他们的把持下,谁写论文的时候敢引用科胡特的观点,写得再好也会被毙掉。甚至当科胡特走在芝加哥学院校园内或者参与国际精神分析会议时,不少过去的所谓"朋友"也不再理睬他。

科胡特一方面坚持真理,不屈不挠地进行理论体系的构建,另一方面

08 科胡特——创建自体心理学，为精神分析提供了时代新视角

又包容地对待他人的刁难，他不像当年的阿德勒，被赶走的第一刻就去了咖啡馆扯自己的旗帜，也不像后来的霍妮，马上着手成立自己的机构。科胡特一直隐忍、克制，在写给好朋友的信里，他说"尽管根据某些分析家的说法，我的观点构成的是一种邪说，我依旧是一心奉献的精神分析家，且我深信我的研究在这重要科学的主流之中。"事实上也是如此。自体心理学是对精神分析的宝贵发展。后来有人评论说："如果没有科胡特研究自恋的自体心理学的出现，那么精神分析学派很可能会被人本主义和认知行为所淹没。"

1970年，57岁的科胡特诊断出了淋巴癌。33年前，它夺走了科胡特父亲的生命，如今又阴魂不散地缠上了他。生病的科胡特推掉了一切活动，把自己生命中最后的岁月都留给了心爱的自体心理学，他看病人，著书，在1977年又出版了《自体的重建》，进一步搭建起了自体心理学的结构。随着时间的推移，社会和大众慢慢也看到了这个学说明珠般的光彩和价值。

1981年，科胡特受邀参加加州伯克莱分校的自体心理学大会，宣读《论共情》的论文。他的癌症已发展到晚期，但仍然拖着病躯前往，用了几倍的止痛药支撑自己。当他走进会场的时候，两个同事站起来和他打招呼，一向谦和温文的科胡特这次却没有任何回应，他目不斜视地直奔讲台开始演说，两个同事对此感到诧异和郁闷。

然而，两天后，他们接到了一个电话，是科胡特的太太打来的，告诉他们科胡特已经去世了。遗言说，那天走进会场时，他看到了这两个友好的同事向自己打招呼，但他已经没有多余的力气回应了，只能勉强撑下那个演讲，他拜托太太在自己去世后向他们还礼，并向他们转达自己的歉意。两个同事感动得热泪盈眶。

和他们一样感动的，还有一个年轻的医生。在科胡特生命的最后几个小时，他还安抚焦虑得不知所措的年轻医生。科胡特安慰他，别着急，一

步一步来。

　　科胡特生前曾经感叹，如果能够生活在古希腊时代，将是多么美好的事情。他虽然生活在现代，却像古希腊的先哲们一样，拥有人性和智慧所有的灿烂光辉。他开创的自体心理学，在深层的人性上，在时代的需要上，提供了让人信服的理解纬度，为精神分析的发展注入了新鲜血液。他所倡导的共情，为人类世界描绘了最温暖的底色。

　　致敬科胡特，为他不屈不挠的开拓和坚持！

08 科胡特——创建自体心理学，为精神分析提供了时代新视角

🔖 大师语录

1. 我印象中最具创造性的生命，是那些尽管在早期遭遇了深切的创伤，但（通过各种途径）能够找到朝向内在完整性的方法，从而获得新结构的个体。

2. 一个功能良好的心理结构，最重要的来源是父母的人格，特别是他们以没有敌意的坚决和不含诱惑的深情去回应孩子驱力需求的能力。

3. 内省和共情应该被看作适当行动前的预兆，换句话说如果你明白了"把你自己放入鞋子里"这句话的含义，就会允许自己以恰当的方式进入另一个人的内在精神世界。

4. 中和的心理结构是心灵不可二分的部分，……它的形成来自无数恰到好处的挫折经验的内化。

5. 行为不能从其表面价值去理解。表面的慈爱，可能让孩子感到窒息或者残忍（当愤怒在这种气氛中都不能被容许表达时），或感到疏远、隔膜、漠不关心。相反的，父母的严格可能被孩子体验为一种有利于发展的提升和掌控感增强的经验，因为父母恰当的容忍力和骄傲感，会让孩子在

未被满足时表现出短暂的愤怒。

6. 当科学经由外观（和代替外观）探索现实世界时，我们称它为物理学和生物学，当它经由内省和共情来探索时我们称它为心理学。

7. 我们不能从道德的角度去评断自体客体的缺点，这种态度是愚蠢的，因为双亲的功能不良是更深层的影响，其责任感发展是早期生活经验的产物，因此这种功能不良是不受其直接控制的……科学家的目的既不是指责，也不是开脱，而是通过建立原因—动机链来解释以共情的方式收集到的心理数据。

8. 像人类生活的所有真实经验一样，成人对自体客体的经验是成片的，而非分割的，它是一种深度经验，当成年人成熟地选择支持性的自体客体时，他生命先前所有阶段的自体客体，都会潜意识地再次出现。

9. 在他生命的每个阶段，他都必须惊艳到人类环境的代表者们，对待他的回应是愉悦的，提供给他理想化的力量和冷静的源泉是默默存在的，但又是本质上爱他的，以及能够或多或少精确理解他的内在生命，能够给予和他的需求相一致的回应。

10. 客体爱，像其他任何强烈的经验，如激烈的身体运动一样，能够强化自体，进而，众所周知，强壮的自体能让我们更强烈地体验到爱和欲望。

11. 共情的最佳定义，与我对共情简明扼要的科学定义——替代性内省相似，是一种能够思考和感受他人内心生活的能力。

12. 如果母亲的共情能力仍然停留在婴儿阶段，即如果她倾向于因孩子的焦虑而感到惊恐，那么一系列的坏事情便相继发生，她可能长期地把婴儿的焦虑隔绝在外，这就剥夺了婴儿与她融合，并从她的这种由体验到轻微焦虑到恢复平静的过程中受益的机会。

13. 共情并非上帝赐予少数人的礼物，对于普通人来说，共情能力的差异来自学习和训练，而非天赋。

14. 欢乐并非享乐的升华。欢乐被体验为一种更广阔的情绪,而享乐无论可能多么强烈,指的是一种局限的经验,就像是感官的满足。

15. 自体-自体客体的关系构成持续一生的心理生活的本质。

16. 每个孩子都需要被镜映,感觉被喜悦的双亲愉快且赞许地注视着,被视为母亲眼中的光彩。

17. 从出生到死亡,我们需要体验到基本的相似性。

09 拉康
——对弗洛伊德思想的结构主义解读

拉康犀利、幽默、睿智又机敏,他把精神分析、哲学、语言学、人类学融会贯通,建立起了一个属于自己的王国,这是一个慷慨的王国,似乎每个人都可以从中找寻到自己失落的那一角。同时,他也为精神分析的浩瀚星空,增添了最特别的一抹光辉。

09 拉康——对弗洛伊德思想的结构主义解读

每个人都通过他人抵达自己
——镜像理论

先来看一个脑筋急转弯：一只小猩猩、一只小猴子、一个小婴儿，一起照镜子，谁会和镜子玩？

没错，答案是小婴儿。猩猩和猴子一发现镜子里的影像是假的，就大感无聊，扬长而去。只有小婴儿，满心欢喜地和镜子玩了起来，挤眉弄眼，做出一连串的姿态和动作，反复体验镜子所复制出的现实。

魔镜的秘密

为什么小婴儿这么迷恋镜像呢？拉康认为，这里面隐含着人类的重大秘密，用他自己的话来说，镜像中可以建构出"力比多机制……以及人类世界的本体论结构"。

在拉康看来，在婴儿照镜子的那一刻，镜子是他者，婴儿是主体，婴儿对着镜子产生了一次认同,但镜像认同不是主体对环境的能动反应,而是空洞的主体以"我"的形式在镜像环境中被构型、在镜像魅影中被召唤的过程,从而使"理想的我"出现。

是不是听上去很绕?可是这才刚开始,拉康进一步阐释说:

这一发展过程可被体验为一种决定性地将个体的形成投射到历史之中的时间辩证法。镜像阶段是一出戏剧,其内在的冲力从欠缺猛然被抛入到预期之中——它为沉溺于空间认同诱惑的主体生产出一系列的幻想,把碎片化的身体形象纳入一个我成为整形术的整体性形式中——最后被抛入一种想当然的异化身份的盔甲中……从此,从内在世界到外在世界环路的断裂,将给自我求证带来无穷无尽的困扰。

呃……这些词是得了斯德哥尔摩症吗?它们像爱上了劫匪的人质,狂热地进行着魔幻的组合,可是说的是什么意思?不怪它们,这就是拉康的风格,在精神分析界,"拉康"二字可以约等于魔幻的、看不懂的语言,以及各种"不明觉厉"(虽然不明白,但觉得很厉害)。

不过,本着负责的精神,我们还是尝试把这段话换成以下这段浅显的语言。

我是谁?小时候的我一点也不知道。从第一次照镜子开始,我就慢慢学会了在别人的眼睛里,一点点地拼凑出自己。爸爸说我不好好洗手,妈妈说我扣扣子太慢,奶奶说我自己吃完了一碗饭很棒,邻居阿姨说我认识很多字,老师说我第一个会写自己的名字,隔壁哥哥说我枪法不错,能连发四颗水弹……他们就像镜子的碎片,我在和"他者"的生活玩耍中,照出这些,拼凑成我自己,我认为这就是我自己。

随着我一点点长大,我积累了很多这样的自我认识,我过去是个有很多缺点的孩子,等我长大,我要改正这些缺点,成为更好的人。这就是我,有前程可奔赴、有岁月可回首的我。没错,我非常确定自己是谁。但这是真的吗?

09 拉康——对弗洛伊德思想的结构主义解读

错把他人当自己，是我们的宿命

乖孩子是我的本性吗？也许是"他者"塑造的。

我立志考研、考公务员，是我想考吗？也许是我爸我妈的愿望。

我渴望赚很多钱，真的是我在渴望吗？也许我把身边朋友的价值观当成了自己的。

我要漂在一线城市，确定是我想要吗？也许是朋友圈鸡汤文作者的想法。

当有一天我终于觉得不对劲的时候，我感到很无力，因为我和他人的想法早就混成一团了！

有一部电影叫作《傀儡人生》，非常魔幻地表述了这个观点。一个人的大脑里有个神奇的入口，一群七老八十的和蔼可亲的家伙，一直关注着他，然后找到一个合适的节点，排着队滑进他的大脑，操控他的所思所感，成为他的一部分。

自我被他者占领，这和拉康描述的场景不谋而合。最魔幻的悖论就是，我们一生都在问"我是谁"，然而从我们第一次召唤自己，就伴随着误认，从半岁时开始，直到生命终结，他者无孔不入。人们对此皆有体会，特别是年岁渐长之后，所以《红楼梦》中一句"到头来，都是为他人作嫁衣裳"会引发如此多的共鸣和感动。

有两个人的地方，就有江湖

当然，除了误认和混在一起，自我和他者也存在对抗。弗洛伊德在"自恋的自我"中已经提到这种对立，拉康进一步发展为，只要存在两个主体，就会存在对抗，他称之为欺凌性，也许是行动——两个小孩为一个玩具打破头,但更多的是隐蔽的意象——苛责的语气、停顿、迟疑、迟到、口误、内心恐惧……都是一种对抗或者说欺凌。事实上,欺凌意象广泛存在于人类的童话故事中。想想我们小时候读《格林童话》,为什么完全没有感觉到里面有多少黑暗和血腥呢?那些奇怪的描述,动不动就是很残忍的砍头、下毒,我们却浑然不觉。也许确实如拉康所设想的,欺凌性作为人类本性的一部分,隐蔽而真实地存在于主体的无意识的象征性的层面,因此小时候的我们,未被社会教化过的真实的我们,才会浑然不觉。

分析到这里,我们无法说"镜像认同"是好事还是坏事,应该说,它是人之为人的必然之事。就像《人类简史》里那个匪夷所思又让人心动折服的概念,虚构故事让人类脱离了动物界,拥有了今天的文明。拥有了自我,同时也从他者中拥有了自我,构成了主体的基本心灵结构。

09 拉康——对弗洛伊德思想的结构主义解读

我说，故他者在
——主体理论

　　拉康关注的是，成为一个主体意味着什么？主体这个概念也很难解释，我们可以粗糙地理解为一个自主的人。一个人如何成为一个主体？导致成为主体失败的原因是什么？帮助失败者的工具是什么？

　　他的结论是，主体是无意识的，无意识是像语言一样被结构的，无意识是他者的话语，是主体无法抵达和理解的"另一个场景"。好吧，简单说就是告诉我们到达主体有几条路，每条路上都竖着一块路牌：此路不通。

我们存在，其实是别人存在

　　此路不通的首要原因是，我们的心里充满了无意识，但这些无意识都是别人絮叨给我们的。在我们心灵的小花苞长出之前，别人就守在那里了,就像葫芦娃里,七娃出生前就被蛇精抓到魔水岩里泡毒气了,蹦出来之后当然他就喊蛇精妈妈了。

所以,我们的存在,不过是一种"他在性",或者叫作主体"间性"。我是一个老师,是因为我有学生。如果没有学生,就谈不上有老师了。人和人之间的关系皆是如此,人和物之间也是如此。就如同人类当年以为自己驯化了小麦,把小麦种满全球,从另一个角度说,何尝不是小麦驯化了人类,把自己的DNA复制满了整个星球,还抓了人类这种聪明的猿来给自己除草抓虫贴身服务呢?

别人存在,是因为语言存在

可是,为什么别人可以先行进入我们的心灵呢?还是起头的那三句话:主体是无意识的,无意识是像语言一样被结构的,无意识是他者的话语。所以只要我们处在语言的世界,间性就被嵌入我们的心灵了。

这组句子似乎有些拗口,那我们一句句分开来说。

主体是无意识的——这个好理解,精神分析发展到今天,立足的根本就是无意识,我们心灵的大部分都是无意识的。

无意识是像语言一样被结构的——其实弗洛伊德早就表达过相似的意思。当年弗洛伊德试了催眠、按压各种方法,最后发现到达无意识的途径,自由联想也好,口误也好,全都靠语言。尤其是梦,弗洛伊德说,无意识在梦中呈现的是字谜一样的东西,有类似句子一样的结构。拉康接受弗洛伊德的观点,但进一步说每个人的无意识,都是提前内嵌好了的。一个新宝宝生出来,造化已经贴心地给他装好了无意识的运算结构,包含着社会和文化的基因密码。

拉康认为,无意识在身体里,在童年记忆里,在语义的发展中,在传统和传说中……主体说话的时候，是无意识在说话，说的是他人的话语。所以主体性是一种主体间性，依赖于语言。一个主体要成为自己，就要穿越这重重迷雾和幻象，发现自己的无意识，承担它，在言说中直视自身欲望的真相，这是主体的责任，也是精神分析的责任。

绕了如此大的一个圈子，阅读了卷帙浩繁的著作，从笛卡尔骂到了萨特，从人类学、语言学和存在主义中打了无数个滚，拉康终于得出了一个和弗洛伊德一样的结论。而这个结论，仅仅是弗洛伊德精神分析的起点。拉康就此沦为弗洛伊德的"脑残粉"，天天闹着要"回到弗洛伊德"。

我们所生存的地方扑朔迷离
——三界理论

很久很久之前，在三界之内，四海八荒之中，有一个女神叫白浅……

我们中国人对三界有天然的文化亲近感，总是幻想着高高在上的仙界，住着法力高强的神仙。中间是人界，滚滚红尘里是喜怒嗔痴的凡夫俗子。地下是鬼界，阴森黑暗里住着似乎比人低劣但其实比人自由强大的魑魅魍魉。细究起来，我们文化潜意识里的三界和弗洛伊德人格结构理论神似——仙界是超我，人界是自我，鬼界是本我。

拉康的三界没有这么拉风，指的是象征界、实在界、想象界。但同样的，有人认为这三界和超我、自我、本我一一对应。

三界之想象界：我们和自己、和别人的关系都是一种想象

我们先从想象界开始。拉康发展了弗洛伊德自恋的观点，指出最早的

自我存在是想象的。一个形象存在是因为有人欲恋它。我们存在，首先是因为欲恋了自己，在这种想象出来的、自己和自己的关系中，建立了自我和理想自我的形象。拉康用了一个光学模型图来表示这个过程，在此就不引述了。想象界充满了幻想和想象，主体和自己的关系是一种想象，主体和真实他人的关系也是一种想象，拉康称之为一种"想象的主体间性"，事实上主体还是和自己玩，只不过把自己的一部分放在了他人那里，假装那是别人，让他者担了一个虚名而已。小婴儿都是这种模式，而成年人中的极度自恋者，可以让我们清楚地看到这种"想象的主体间性"——一个陌生的美女在和我打招呼，我该怎么拒绝她呢，长得帅就是麻烦啊……丰富的内心戏之后，惊讶地发现，她竟然和我身后走过来的男生拥抱在了一起！

三界之象征界：有了语言，所以有了法则

接下来看象征界。拉康认为，象征界存在这一种"父法"，是秩序的地盘。弗洛伊德描述过一个儿童游戏：不到两岁的小朋友喜欢在妈妈出门的时候玩扔线轴，扔出去、捡回来，扔出去，捡回来，嘴巴嘟哝着"不见了""出现了"，玩得很happy。弗洛伊德说，这是儿童对妈妈"缺席和在场"的一种象征化，在妈妈离开的痛苦中如何找到欢乐？奥秘就是，把离别作为快乐返回的前奏。拉康经常引用弗洛伊德的这个说法，认为这个游戏最典型地体现了主体进入象征界的最初时刻。拉康觉得，最重要的象征是小朋友的语言"不见了""出现了"，在这两个音素对立中，儿童超越了现实现象，进入了象征的界面，拥有了神仙的能力——把不在场的东西变出来。语言的出现还标志着和妈妈融为一体的、神话般的、只关注自己的状态结束了，现在小朋友发现世界上除了自己，还有他者。怎么和他

者交流呢？语言。如果世界上只有我一个人，其他东西都是我的一部分，我根本不需要语言啊！正是意识到了他者的存在，才有了语言的出现。语言是人类社会的基础契约，可以实现和他者的互惠互利，但也会失去自己扮演小宇宙的舒爽，从此主体再也不能在心灵上自给自足了，主体的欲望从此成了他者的欲望，主体接受了人类的法则，认同了社会所召唤的"我"。象征界就像一个自动机器，以主体不知道的方式主宰着象征界的运作。

三界之实在界：从虚无中构建真实

最后来到最难厘定的实在界。在拉康那里，实在界是悖论本身，是一个真实的虚无，一个充实的非存在，是不可言说的。拉康一再强调"不要向欲望让步"，因为欲望是他者的。我们只有不屈从想象界和象征界提供的幻象，才能认识到欲望满足的不可能性。遗憾的是，我们心灵里全部都是他者的欲望，把他者的欲望剥离掉，自己也就空洞无物了。空了也没关系，还可以"从无中创造"，人类的艺术、宗教和科学都是这种创造的产物。这个概念和老子的哲学思想有相近的地方，"空"和"无"是一切的根基，有和实是从空、无中生发出来的。这些话听起来十分费解，我们可以结合拉康对弗洛伊德的引用来理解。比如弗洛伊德有"强迫性重复"的概念，拉康认为，这个概念恰好印证了主体无意识中对实在界的渴求，主体潜意识里知道自己想要的是什么，虽然这个东西从未存在过。一个被父亲忽视的女孩渴望爸爸的爱，长大后她不断去寻找年龄大的情人，又不断失望离开，恰恰就是因为实在界的存在和不存在。存在，她才能找到并且信念坚定地找下去，不存在，注定了她的失望。我们每个人皆是如此，永远在追寻某种东西，但它永远是"所谓伊人，在水一方"，任我们如何努力追寻，如何痴痴地跟随，它依然"宛在水中央"，永远逃避着我们。有时候我们会和实在界偶遇，但本质上是一种失之交臂的相遇，谋面而不为我们所知。

拉康的三界理论，对我们普通人的意义是什么？也许真正的启发在于，当我们像拉康那样去思考生命的时候，所获得的那种五彩斑斓的体验之美。当拉康把精神分析、哲学、语言学、人类学融会贯通，他建立起了一个属于自己的王国，这是一个慷慨的王国，似乎每个人都可以从中找寻到自己失落的那一角。

致敬拉康，为他精彩纷呈的智慧！

大师小传

拉康的档案

姓名：雅克·拉康

性别：男

国籍：法国

学历：巴黎大学医学博士

职业：医生、精神分析师

生卒：1901—1981

社会关系：第一任妻子：布隆汀，名门淑女

第二任妻子：西尔维亚，著名女演员

座右铭：无意识是语言的

最喜欢的事：精神分析、哲学、文学

最崇拜的人：弗洛伊德

口头禅：他者

09 拉康——对弗洛伊德思想的结构主义解读

少年时代：聪敏好胜的文艺少年

1901年，拉康出生在法国巴黎。他的父亲是一个富有的商人，从卖食醋起家，后来发展成大型的贸易公司。他的母亲则出身于一个金匠世家。这是一个弥漫着开疆拓土式自信的家庭，同时也是一个笃信天主教的家庭。拉康是家中长子，有一个弟弟和一个妹妹。

1907年，6岁的拉康被送到了教会学校，接受严格的宗教和古典学教育。小拉康是一个好胜心极强的孩子，总想在学习上拿第一，但除了宗教和拉丁语，他的成绩总是平平。

中学时，拉康继续在这个学校求学，但他爱上了哲学，是荷兰哲学家斯宾诺莎的"小迷弟"。拉康的父亲很不安，他还指望儿子继承家业，可不想培养学哲学的书呆子。但人世间很多事，都是事与愿违，拉康的一生，始终在哲学式终极问题的思辨中自得其乐，对商业一丁点兴趣都没有。受到斯宾诺莎泛神论的影响，再加上看到"一战"带来的苦难，拉康开始质疑上帝的存在，最终变成了一个无神论者。

1918年，拉康还是个17岁的少年，他常常到巴黎左岸的两家书店流连，结识了超现实主义的领军人物布勒东、乔伊斯等人。超现实主义是当时法国盛行的文艺流派，他们推崇精神自动主义，主张思想自己流出来，不受理性制约，也不依赖于美学和道德。弗洛伊德喜欢写梦、喜欢研究潜意识，追求灵魂深处的震颤，可想而知，超现实主义文艺遇到弗洛伊德的精神分析，简直干柴烈火，一拍即合。

说到这里，我们需要交代一下精神分析在法国发展所面临的独特处境。

20世纪初，精神分析像蒲公英的种子一样飘散在欧美各国，并很快在那里生根发芽，唯有法国像铁桶一样进不去。法国人有一种特别的人性观，他们关注个体的界限，关注个体和他人的分离，所以"我思故我在"

的笛卡尔在法国，"他人即地狱"的萨特也在法国。法国人关于自我不可改变的观点和精神分析的干预主义几乎是格格不入的。一直到了20年代，法国才逐渐接受精神分析。但和英国、美国粉丝们的狂热相比，法国医学界的反应可谓冷淡而谨慎，他们致力于精神分析的法国化，而非亦步亦趋地追随弗洛伊德。

和医学家的谨慎相比，文化艺术界却十分热情。尤其是超现实主义，他们在弗洛伊德的思想里找到了自己的理论依据，精神分析作为一种人性观、一种哲学、一种文化在法国蔚然成风。简单说，在别的国家，精神分析都是通过医学这个切口进入的，而在法国，则是从医学和文化两个切口同时进入的。

有趣的是，拉康就是这两个入口汇合的地方。虽然拉康15岁就开始写诗，17岁就和超现实主义文人们混，但他最终选择的职业方向是医生。

青年时代：享誉文化界的精神科医生

1919年，拉康进入巴黎大学医学院学习。虽然学了医，但他对文学和哲学的狂热不减，也十分热衷于参加各种活动。完成学业后，拉康先后到圣安娜医院、巴黎警察局附属医院实习，并在实习期间遇到了几位杰出的老师，其中对他影响最大的是克莱朗博尔医生。这位老师研究的领域是"精神的自动作用"——这是一个接近弗洛伊德无意识的概念，指病人被强加的心灵的一种综合征，克莱朗博尔认为这种病症取决于病人的体质结构。拉康对这个概念十分兴奋，因为这种精神的自动性，似乎和超现实主义推崇的"自动书写"有异曲同工之处。在治疗精神病人的临床实践中，拉康一方面跟着老师学习，写出了《妄想性精神病的结构》等重要的精神病学的论文，另一方面也开始阅读弗洛伊德的相关著作。

09 拉康——对弗洛伊德思想的结构主义解读

1931年，30岁的年轻医生拉康，第一次出席"法国精神分析大会"，不过这次亮相平淡无奇，他只是以爱好者的身份旁观。1932年，拉康完成了论文答辩，获得博士学位。在论文中，拉康分析了一个叫埃梅的病人，他栩栩如生地描述了她的生活史，从她的姐姐去世，妈妈神经过敏，姐妹间相互嫉妒，再到经历一次次失败恋情的打击，直到孩子胎死腹中，她的精神开始崩溃，继而发病。拉康用弗洛伊德"理想自我"的概念分析了这个病人，用精神分析的理念，而非精神病学"遗传—退化"的理念来理解病人。埃梅之于拉康，就像安娜之于弗洛伊德，从伊人开始精神分析的旅程，从此终身使命在肩。埃梅和拉康之间的牵绊还不止于此，多年后，在互不知情的情况下，拉康为埃梅的儿子做过分析，而埃梅受雇照顾拉康的父亲，最后埃梅和拉康在同一年去世。

1933年，刚博士毕业的拉康，还寂寂无名。论文发表后，学术圈无人关注。给弗洛伊德写信寄论文，只收到了礼节性的感谢。不过再一次的，文艺圈热情地拥抱了他，超现实主义的大咖们如克雷维尔、达利纷纷写文点赞拉康，说这篇论文让我们第一次获得了完整划一的主体概念，还有人把埃梅粉饰成一个伟大的叛逆者……

也是在1933年，拉康开始考虑结婚。作为一个多金的浪子，拉康的情史五彩斑斓，常常同时和两个女子保持浪漫关系。决定结婚后，他在两个情人间左右为难，最终把她俩都放弃了，因为他突然发现一个好朋友的妹妹才是他的真爱。这个姑娘叫布隆汀，是一个非常动人的美女，很有艺术天分。最难得的是，她既有现代情趣，还是个传统的姑娘。面对才华横溢的拉康，姑娘也迅速托付了芳心，答应了他的求婚。

1934年，拉康和布隆汀结婚。浪子终于成家了，也立业了，稳定的生活就这么开始了。

正式步入精神分析的世界

1936年，拉康出席国际精神分析大会，宣读了《镜像阶段》的报告，描述了婴儿照镜子的时候开始产生的镜像认同，构建的自我和理想自我。拉康同学多年磨剑，信心满满地打算惊艳两大洲的时候，主席琼斯却说，演讲时间到了，你可以停下了。拉康很生气，多年后说起此事仍然余恨绵绵。

回来后，拉康继续潜心研究，研究家庭，研究情结，研究意象，开启广泛撒网模式。这个阶段他模模糊糊地开始有了自己的框架，显示出了某种结构观，但还处在混沌未明的状态。然而，战争的惊雷打断了学者们的清梦，1940年，德军占领了法国。法国的精神分析学会本来就稀稀落落，在战争的阴影中，成员们死的死走的走，学会就此解散。

拉康选择了归隐。他和妻子布隆汀彼时已经生了两个小孩，但他又恋上好朋友的妻子西尔维亚。西尔维亚是个充满魅力的女演员，聪慧、美丽、热情，是文艺圈的宠儿，当时正和丈夫不睦分居。有一天，拉康和西尔维亚在咖啡馆偶遇，虽相识多年，但不知道为什么，那一刻他们擦出了爱的火花，并一发不可收拾。在布隆汀为拉康生下第三个孩子的同时，西尔维亚也几乎同时生下了他们的女儿。问题在于，布隆汀住在巴黎，西尔维亚住在马赛。两年多的时间里，拉康在两地跑来跑去，在路上奔波成了他的生活常态。直到战后，拉康和西尔维亚才最终各自离婚，并于1953年共缔连理。

"二战"后：拉康的时代

战争结束后，巴黎精神分析学会重整旗鼓，拉康是其中重要一员。但

09 拉康——对弗洛伊德思想的结构主义解读

学会内部矛盾重重，而且不怎么被国际精神分析协会接受，拉康向来喜欢随心所欲，他甚至连固定治疗时间的规则都一一打破。1953年拉康终于离开巴黎精神分析学会，组建了法国精神分析学会。

也是在这一年，意气风发的拉康提出了"回到弗洛伊德"的口号，提出了他著名的"三界"理论，用"想象界""象征界""实在界"重新结构了他关于镜像、主体的研究，对弗洛伊德的概念和观点进行了结构主义的诠释，把精神分析导入了一个更深邃的哲学空间中。

除了事业上重立门户和生活上再次结婚，拉康还在1953年于圣安娜医院创设了他著名的研讨班。为了纪念弗洛伊德，研讨班放在周三，开题先讲了一段禅宗公案，告诉大家研讨班的宗旨所在——老师负责启发，让学生自己去找答案。研讨班一开就是近30年，直到拉康去世。拉康犀利、幽默、睿智又机敏，不但在巴黎，而且在整个欧洲和南美，都圈粉无数，他的粉丝三教九流，精神分析、哲学、文化艺术的迷弟迷妹们众多，最狂热的粉丝甚至认为，他比弗洛伊德和尼采都要伟大，仅比笛卡儿弱一丢丢。虽然拉康号称自己是一个真正的弗洛伊德主义者，但他最终缔造了一个拉康主义。

接下来的近30年，随着结构主义的风靡，精神分析也真正融入了法国文化，拉康声望日隆。他是一个享有盛名的学术领袖，一个著名的文化名人，却是一个国际精神分析学会谈之变色的叛逆者。

1964年开始，拉康组建了巴黎弗洛伊德学派，但他的研究逐渐陷入一种神秘玄学，提出"欲望结构""对象a"等难解的概念，将拓扑学和数学，置于他的理论的中心地位。也许他已经去到了一个常人难以理解和企及的所在。

1981年，拉康去世，享年80岁。那一天恰好也是星期三，他进行了最后一次演讲，只说了一句话："我很固执……我正在消失"。直到今天，在世人的精神生活中，拉康固执地留有痕迹，从未消失。

　　致敬拉康，他是一个伟大的思想学家，他为精神分析的浩瀚星空增添了最特别的一抹光辉。

09 拉康——对弗洛伊德思想的结构主义解读

▌大师语录

1. 无意识是语言的,这不仅是因为我们只有在语言或语言的断裂中才能找到无意识的踪迹,更是因为无意识本身总是语言地呈现自身,不论是在梦中、在口误中还是在病人的各种症状中,我们都可以看到类似于语言的结构,就像弗洛伊德所说的,无意识在梦中常呈现为字谜一样的东西,有着类似于句子一样的结构。

2. 作为受语言制约的一种动物的一个特征,人的欲望就是大他者的欲望。

3. 还不会自如行走,甚至还无法站立的婴儿,被某些支撑物——人或人造物——紧紧地支撑着,但他却能在一阵欢快的挣扎中,克服支撑物的羁绊,把自己固定在一种微微前进姿态中,以便在凝视中捕捉到那瞬间的镜像,并将其保持下来。

4. 我们只能把镜像阶段理解为一次认同,在精神分析赋予这个术语的全部意义上说,亦即主体认定一个镜像是发生于他身上的转变。

5. 我突然被抛入了某种原始的形式之后,又在与他者认同的辩证法中被对象化，而后又通过语言而得以复活，是其作为主体在实践发挥功能。

7. 禅师依照禅的技术去寻找意义的方法，是让学生自己去找问题的答案，师傅并不传授现成的权威知识，他只是在学生快要找到答案时，才给出一个回答。

8. 回到弗洛伊德的意义，就是向弗洛伊德的意义的返回。

9. 人正处在分裂的过程中，就仿佛是光谱分析的一种结果。我的探讨主要围绕着想象，基于象征界之间的结合来进行，我们力图在这种结合中找出人与能指的关系，以及这个关系在人身上所引发的分裂。

10. 主体的言谈行为，总伴有一个对谈者，即是说言谈者在那里被构形为主体间性。

11. 精神分析经验在无意识中发现的就是在言语之外的语言的整个结构。

12. 人啊，听着，我来告诉你们这个秘密。我，真理，这样说话。

13. 无意识的地位是伦理的。

14. 在主体形成之前，在主体进行思考，或者把自己置入思考前进之前，就已经在某个层面上出现了计算无意识结构的计算，而且在这个计算中，那个在计算的他已然被包括在内。

15. 爱的要求是不及物的，无条件的，它不依赖于任何对象，它唯一寻求的就是被爱。它就在那里重新出现，但它也保存了爱的要求的无条件性所显示的结构。

16. 要想形成对象关系，就必须已经有自我对他人的自恋关系，而且这是外部世界对象化的首要条件。

10 精神分析终于走进整合和融合的时代

精神分析不但在内部更新,也不断从其他流派那里吸取新鲜的观点,借来好用的技术。20世纪80年代至今,虽然精神分析依然有自己独树一帜的信念,有自己鲜明的风格,有江湖传说的地位,但整合和融合已经成为不可逆转的趋势。

10 精神分析终于走进整合和融合的时代

自弗洛伊德19世纪末首创,精神分析已经走过了100多年的风风雨雨。这100多年间,发生了两次世界大战,发生了一波又一波的技术革命,世风人心都沧海桑田。

所谓"文章合为时而著,歌诗合为事而作",文学也好,哲学也好,科学也好,都和自己的时代紧密相连。精神分析更是如此,它敏锐地触摸和回应着时代的潮流,不断地丰富和更新自己,我们看到,荣格、阿德勒的自立门户,霍妮和弗洛姆的文化学派,安娜开启的自我心理学,克莱因和温尼科特的客体关系学派,科胡特的自体心理学,看似是对弗洛伊德主义的冲击,事实上却是不同的时代对精神分析的丰富、完善和发展。到了20世纪80年代之后,精神分析的文献已经浩如烟海,可以供咨询师品择的理论和技术蔚为大观。

而在精神分析外部,其他的心理咨询流派也逐渐风生水起。20世纪60年代开始,美国心理学家阿伦·贝克在多年精神分析工作基础上,创立了一个新的流派——认知行为疗法。不同于精神分析的长期深入,认知行为疗法以有结构、见效快著称,很快就风靡美国。差不多同时,美国另一个心理学家卡尔·罗杰斯创立了以人为中心疗法,也备受人们欢迎。至此,精神分析、认知行为、以人为中心三分天下的格局形成,成为心理咨询界的三条大动脉。而更多的涓涓支流、泉眼细流,也纷纷涌现,如情绪聚焦疗法、叙事疗法等。

对精神分析来说，它不但在内部更新，也不断从其他流派那里吸取新鲜的观点，借来好用的技术。20世纪80年代至今，虽然精神分析依然有自己独树一帜的信念，有自己鲜明的风格，有江湖传说的地位，但整合和融合已经成为不可逆转的趋势。在这一章，我们将重点介绍当代精神分析领域中的几个翘楚人物，看一看精神分析在当前的新观点和新潮流。

10 精神分析终于走进整合和融合的时代

科恩伯格：
我们的人格水平在哪个台阶上

奥托·科恩伯格是当代精神分析的核心人物，他强大的地方在于他丰富柔韧的包容力，可以把弗洛伊德的驱力理论、克莱因的客体关系理论，以及自我心理学的理论，炉火纯青地整合到一起，同时又富有自己的洞见。

科恩伯格是个非凡的整合者

我们先简单看一下他的人生经历。科恩伯格于1928年生于澳大利亚，在智利读过书，后来到了美国，在堪萨斯州接受精神分析训练。最后他来到了纽约的一家医院工作，同时在康奈尔大学和哥伦比亚大学任教。科恩伯格也曾担任过国际精神分析协会的主席。

科恩伯格在前人的基础上，研究了人格结构的发展水平：

第一个发展水平是精神病性人格。最早几个月大的小婴儿，不知道世界上有"我"的存在，他和世界融合在一起，和妈妈融合在一起。当妈妈给予他食物和照料的时候，小婴儿得到满足，他就融合在这快乐的体验中。反之，小婴儿被虐待，或者忽视，得不到满足，他就融合在痛苦中。在这个阶段，小婴儿的任务是从一团混沌中，把"我"给摘出来，在心理上澄清"我"和他人。有些人不能完成这个任务，或者成年后又突然变回到这个状态，就会处在一个精神病性的状态。很多精神病人，看到月亮被乌云遮住，就怀疑有人要来害自己，因为他不知道"我"和环境的界限，对"我"也没有清楚的、稳定的认知。

第二个发展水平是边缘性人格。小朋友知道了"我"和妈妈是两个人，但是情感上，他残留着对妈妈的分裂感受，满足我的那个妈妈是好妈妈，她爱我，我也爱她。不能满足我的那个妈妈是个坏女巫，她想毒死我，我恨她。三五岁的小朋友，常常会一会儿化身小可爱，抱着妈妈说我爱你，一会儿又嚷着说妈妈是坏人。这个时候，小朋友的任务是克服分裂，同时感受到他人的好和坏，可爱和可恨。结论是爱恨融合在一起的时候，单纯的爱和恨强度就减弱了，不再是毁天灭地那么强烈。如果不能或者不想完成这个任务，情况也不大妙，他们停留在边缘性人格，情感激烈善变，常常前一刻把他人说得完美无瑕，后一刻就将其贬得一无是处，可以说是放弃了把好与坏的情感和客体关系编织在一起的能力。

第三个发展水平是神经症人格。这是发展到较高水平后的烦恼，如果把精神病性比喻为肺炎，那么神经症不过是个小感冒。这种人格水平的人，通常已经顺利完成了童年早期的任务，在童年晚期的任务中，有一些遗留的小尾巴，比如太过压抑或者压抑不足，导致没有能力去处理内心的各种冲突。

看到这里，是不是觉得这些说法其实都有点眼熟？没错。克服分裂是克莱因的观点，而冲突是弗洛伊德的思想，科恩伯格把这些都信手拈来，

10 精神分析终于走进整合和融合的时代

用内部客体关系发展水平代替了性心理发展阶段,对心理咨询来说非常实用。所以我们把科恩伯格叫作精神分析非凡的整合者。

边缘性人格:最狂热又最冷酷的那群人

科恩伯格对边缘性人格的研究十分深入。所谓边缘性人格,是指世界上有一类人,他们永远处在一种"不稳定"的情感状态里,爱的时候十分痴迷,看上去像最忠诚无私的爱人,爱到可以为恋人放弃世间的一切。但一转眼,就能完全放下这段恋情。他们常常非常冲动,热衷于疯狂危险的举动,喜欢伤害自己。研究发现,这些人在童年很多都有被虐待和伤害的经历。特别是来自于至亲的伤害,给他们带来的恐惧和焦虑,让他们无法把爱和恨整合起来,只能保持在分裂状态,比如他们会形成这样的信念:那个面目狰狞暴打我的女人和爱我的妈妈不是一体,这个坏女人离开后,妈妈就会回来。

科恩伯格的努力,让边缘性人格得到了越来越多的关注和治疗,也让精神分析获得了一个好用的诊断工具——人格结构发展水平,帮助人们构筑更健康和更有活力的人际关系。

史托罗楼：
重要的是心灵间相互影响构成的体验

主体间性心理疗法，是当代精神分析最重要的成就之一。创始人史托罗楼，1942年生于美国。早在1971年，科胡特还遭遇着四面楚歌的时候，史托罗楼就是自体心理学的粉丝。他满怀追随者的忠诚，却又始终保有开创者的灵性，终于在20世纪80年代成就了自己的天地。主体间性心理疗法，有人认为是自体心理学的薪火相传，也有人认为是一个独立的流派。

现象学土壤上的主体间之花

史托罗楼有深厚的哲学功底，而主体间性理论，也深深受到现象学大师胡塞尔的影响。哲学史上，笛卡尔"我思故我在"的警句，已经在人们心中回荡了几个世纪，如同一片土壤，长出了各种明艳绚丽的思想之花。

10 精神分析终于走进整合和融合的时代

弗洛伊德所开创的精神分析，也是在笛卡尔这片强调"孤立心灵"的土壤中生长出来的，所以在弗洛伊德的体系中，治疗师和病人是各自孤立的。治疗师要节制自己的情感，把自己作为纯然的工具，去破解病人的心灵之谜。然而，后现代的哲学家们，越来越质疑人存在的孤立性。胡塞尔就鲜明地指出，人类主体感的形成，并不是一个绝对孤立的孤独的行为，而是一系列主体与主体之间交互作用下所产生的体验性的结果。我们通过和别人交往，才会知道自己是谁。史托罗楼正是在这片新土壤之上，培育了自己的理论——所谓精神分析，是两颗心灵之间持续的交互构建。

史托罗楼的主体间性，最关键的两个词是经验和情感。

无意识是我们独特的个人体验系统

先说经验。诚然每个人心中都有一个深广似海的无意识领域，但弗洛伊德认为，这片海域是被封堵在我们内心深处的黑暗王国，而史托罗楼认为，这不是一片海域，只是一抹暗蓝。无意识不是孤立的一片，而是一种底色，一个理解意义的经验系统。无意识会先于意识自动地反应，而它的反应机制来自于个体积累的经验。比如，在贫瘠的年代，一个小女孩掉了一粒米，妈妈给了她一个责备的眼神。她把这粒米从地上捡起来吃掉，看到了妈妈眼中的温暖。这件事发生在一瞬间，甚至没有在她意识中留下痕迹，但小女孩的潜意识里却获得了一种反应机制，直到她已经成为耄耋老人，子孙满堂，宴席满桌过大年之际，她仍然会躲到厨房，一口口吃掉昨晚残留的冷饭。这种情景，往深了看，很难简单归为节约，也许她只是被自己的无意识经验所控制。无意识沉湎于过时的经验，默默启动和运行许多我们意识不到的程序，让我们反复地毫不犹豫地去做很多他人看来不可理解的事情。

因为无意识来自个体独特的经验，所以我们常常看到的事实是，一个人没有亲自体验过的东西，很难真正理解。古人说"纸上得来终觉浅，绝知此事要躬行"就是这样的道理。如同每个小孩子从一读书就开始背诵"少壮不努力，老大徒伤悲"，但一代又一代地，孩子们还是望穿秋水地盼完寒假盼暑假，直到他们成为父母用这句话语重心长地叮咛下一代。另一方面，身处同样的场景，一个人体验到的可能和另一个人截然不同。在聚会中，主人摆出一盘烤鸡，客人甲心中瞬间涌出温情和惬意，想起小时候每次考试后，妈妈都会买烤鸡给自己吃。而客人乙则瞬间涌出悲伤，想起和最爱的姑娘分手时，他点了烤鸡，而那姑娘一口都没吃。

因此，史托罗楼主张，我们要做的是耐心地去了解人们对自我与他人的感受，了解人们的经验组织原则，这才是精神分析的精髓和核心，而不是套到某个理论里作出冠冕堂皇的解释。当一个人被深切地理解和看到，他才会释然和放下。当一个人被给予了新的经验，他才有机会拓展自己的生命。就如同一个在强势妈妈的养育下长大的孩子，在咨询师日复一日的温和相待中，他才会水滴石穿地得到舒缓人际关系的体验，才会产生潜移默化的改变。

心灵间，最重要的是情感互动

再说情感。什么是情感？情感是一种当下的唤起的心理状态，比如爱、喜欢、愤怒……情感和情绪都和此刻紧密相连。史托罗楼和主体间性的分析师们，一方面承认，我们当下体验到的需要和情感情绪来自生命早期与抚养者的互动中。但另一方面，主体间性却不主张抓着过去不放，而是希望立足于现在和未来，用此刻的新经验和更健康的情感去充盈一个人的身心。在这个过程中，两个灵魂之间的感同身受，同调相和，忠诚陪

10 精神分析终于走进整合和融合的时代

伴，最终把情绪的调色板变成一幅鲜美的画卷。

是的，对主体间性的心理治疗来说，主观经验就是一个徐徐展开、不断变化的画卷。从此刻开始，每个人都有权利也有能力去成为自己想要成为的那个人。

依恋理论：
安全和幸福来自于早年的亲密依恋

依恋理论，是精神分析长河中最璀璨的浪花之一，为克莱因开创的客体关系研究提供了一个精美、独特的视角。然而它最终越走越远，和精神分析若即若离，还催生了一些新的治疗流派——如情绪聚焦疗法就以依恋理论为基础。

鲍尔比：孩子天然依恋他的照料者

依恋理论最早的提出者是英国精神分析师鲍尔比。鲍尔比是克莱因的学生，但他并不赞同老师的观点，他的看法更接近温尼科特，他认为真实比幻想更重要，父母对待孩子的方式，决定了孩子的心理状态。

鲍尔比在多年的研究基础上指出，孩子对照看自己的人有一种深切的依恋之情，这是一种有生物基础的进化。孩子需要依赖照料者，才能生存

10 精神分析终于走进整合和融合的时代

下来，照料者对孩子来说，意味着亲密，也意味着保护和安全。虽然依恋的需要起源于童年，但终其一生，人们都需要这种亲密依恋的情感。拥有亲密的人、亲人或者爱人，都会让我们觉得安全和幸福，哪怕遭遇坎坷，也不会觉得人生灰暗。

安斯沃斯：用实验发现了婴儿的依恋类型

如果说鲍尔比是依恋理论之父，那么他的同事安斯沃思就是依恋理论之母，她用著名的陌生情景实验，完美证明和补充了依恋理论。

1963年，安斯沃思招募了26位孕妇志愿者，等她们的婴儿出生后，安斯沃思和她的团队，跑到别人家默默观察，严谨记录了妈妈和婴儿的互动情景，为期一年。然后妈妈和12个月的小婴儿被请到一个到处是玩具、让人开心的房间。

实验过程是这样的：20分钟左右的时间里，先是妈妈在的时候让婴儿玩，然后妈妈两次离开，又两次回来，还有一个陌生人出现在婴儿面前。在这一系列情景中，小婴儿会做些什么呢？

安斯沃思发现，小婴儿非常不一样：

有一部分小婴儿的画风是这样的：妈妈在的时候，他愉快地玩耍。妈妈走掉后，他紧张不安，或者哭闹。等妈妈回来，他扑进妈妈怀里，但很快就得到了安慰，继续跑去玩了。陌生人来了，或者有不安全的、不喜欢的东西，他就回来找妈妈。安斯沃思把这类婴儿称为"安全型"的依恋。

还有一部分小婴儿则是这样的：他对陌生环境和陌生人出奇地漠不关心，妈妈离开或者回来，好像都明显的无动于衷，只是不停地探索着周围的环境。但监测显示，和妈妈分离的时候，他的心率加快，皮质醇（压力荷尔蒙）也明显高于"安全型"小婴儿。安斯沃思把这类婴儿称为"回避型"的依恋。

最后有一部分小婴儿是这样的：他黏着妈妈，不敢去探索。妈妈要走掉的时候，他哭得肝肠寸断，常常使实验不得不中止。如果妈妈成功走掉了，再回来的时候，有的婴儿很生气，拒绝被妈妈抱，甚至大发脾气。有的婴儿害羞而悲伤地看着妈妈，无法扑进妈妈怀里。安斯沃思把这类婴儿称为"矛盾型"的依恋。

毫不意外地，安斯沃思发现，婴儿在实验中的表现和他们一年中记录下的母子互动方式，令人惊讶地吻合。记录显示他们平时在家里：

"安全型"婴儿的妈妈，在婴儿哭泣的时候，很快抱起他们，并且充满柔情和关怀地抱着他们，很顺畅地将自己的节奏与婴儿的节奏紧密地配合在一起，而不是把自己的安排强加给婴儿。

"回避型"婴儿的妈妈，会拒绝婴儿想要亲近的要求。妈妈在孩子看起来很悲伤的时候，表现出情绪冷淡，厌恶身体接触，或者在身体接触的时候粗鲁唐突，比如一把推开婴儿。

"矛盾型"婴儿的妈妈，情绪十分不稳定，有点喜怒无常。抱不抱婴儿，要看自己心情，对婴儿发出的信号不敏感。

安斯沃思的发现对现实中的母婴关系产生了深刻影响，人们开始意识到回应婴儿的方式对安全依恋的重要性。安斯沃思的一个学生后来又观察到了一种新的依恋类型："混乱型"的依恋——有一个婴儿看到妈妈回来，用手捂住了自己的嘴，表现出了害怕时的反应。研究者最终发现，"混乱型"的婴儿，常常有愤怒或虐待的父母。这是一个最可悲又最可怕的情景。对所有的生物来说，父母原本应该是"安全港"，孩子的先天预设就是受到惊吓就逃向父母，但如果父母就是惊吓源，孩子该如何做呢？他们只能卡在中间，陷入黑暗的沼泽。在一个有关受父母虐待的婴儿的研究中，82%的婴儿被鉴定为"混乱型"。

10 精神分析终于走进整合和融合的时代

没有什么比安全依恋更重要了

依恋理论对教育有深刻的启发意义。大量的后续研究表明，婴儿的依恋类型对他们日后的人际关系有重要的影响。

"安全型"依恋的孩子，长大后更容易获得较高的自尊水平、健康的自我复原力、主动性社交能力，以及在游戏中有更集中的注意力，会得到教师温暖的和自身年龄相符合的对待。

"回避型"依恋的孩子，看上去常常闷闷不乐、傲慢或者对抗，容易激怒别人，引起控制性的反应。

"矛盾型"依恋的孩子，经常是既黏人，又不成熟，容易被过度宠爱，或者被当作更小的孩子对待。

"回避型"的孩子常欺负其他的孩子，"矛盾型"的孩子常被欺负，"安全型"的孩子既不欺负人，也不会被人欺负。而"混乱型"的孩子常常会是边缘性患者。

所以对父母来说，在孩子生命最早的几年里，多倾注一些心力，温暖地回应孩子，带给孩子的将不仅仅是一个快乐的童年，还有美好幸福的密码。

我们发现，当精神分析发展到主体间性治疗、发展到依恋，它和人本主义也好，认知行为也好，聚焦疗法也好，再也无法泾渭分明。它们像很多条各自独立又相交相汇的河流，如百川东到海，所有的治疗最终的归宿是坚定、悲悯又温暖的人性。

这是精神分析的现在，也是所有心灵治疗的未来，我们每一个人都终将受益的暖与光。